燃气行业管理实务系列丛书

燃气行业动火作业
安全管理实务

苏 琪 编著

中国建筑工业出版社

图书在版编目（CIP）数据

燃气行业动火作业安全管理实务/苏琪编著. —北京：中国
建筑工业出版社，2019.12
（燃气行业管理实务系列丛书）
ISBN 978-7-112-24706-6

Ⅰ.①燃…　Ⅱ.①苏…　Ⅲ.①天然气工业-动火作业-安全
管理-中国　Ⅳ.①TE687.2

中国版本图书馆 CIP 数据核字（2020）第 022127 号

　　本书共分 3 部分，第一部分，燃气行业动火作业管理包括：动火作业基本知识、动火
作业危险有害因素的辨识及风险控制、动火作业安全管理、动火作业过程安全管控、动火
作业安全防护设备、事故应急救援。第二部分，燃气行业动火作业典型事故及防范措施包
括：常见动火作业事故情况、燃气行业动火作业典型事故案例分析、燃气行业动火作业安
全原则及事故防范措施。第三部分，适用的法律法规、标准规范包括：动火作业适用的法
律法规辨识清单、安全生产常用法律法规、安全生产常用标准规范。文后还有附录。本书
归纳整理总结笔者二十年的燃气动火作业工作经验，并结合各地优秀燃气企业动火安全管
理制度进行编写。

　　本书可供从事城市燃气工程设计、管理、施工使用，也可供能源专业和大专院校师生
使用。

责任编辑：胡明安
责任校对：党　蕾

燃气行业管理实务系列丛书

燃气行业动火作业安全管理实务

苏　琪　编著

*

中国建筑工业出版社出版、发行（北京海淀三里河路 9 号）
各地新华书店、建筑书店经销
北京红光制版公司制版
北京京华铭诚工贸有限公司印刷

*

开本：787×1092 毫米　1/16　印张：12¼　字数：210 千字
2020 年 4 月第一版　　2020 年 4 月第一次印刷
定价：**52.00** 元
ISBN 978-7-112-24706-6
（35123）

燃气行业管理实务系列丛书
编 委 会

本书编写组

主　　编　　苏　琪（广西中金能源有限公司）

副 主 编　　同国普（深圳市燃气集团股份有限公司）

高海晨（深圳市燃气集团股份有限公司）

蔡　磊（华中科技大学）

编写组成员　　王小飞（郑州华润燃气股份有限公司）

彭知军（华润燃气控股有限公司）

陈晓鹏（南安市燃气有限公司）

卓　亮（合肥中石油昆仑燃气有限公司）

邢琳琳（北京市燃气集团有限责任公司）

袁震亚（长沙华润燃气有限公司）

前　言

　　可燃物、助燃物（氧化剂）和点火源是燃烧和爆炸的三个基本条件。在燃气的生产、输送过程中，是通过严密的、科学的方式将上述三个基本条件有效进行隔离，确保贯穿企业生存与发展的生命线——安全。然而，燃气行业的生产运营过程中在诸如接驳、检修等作业中三者又难免一次又一次出现交集，因此，动火作业操作许可证制度成了各燃气企业有效预防、控制安全生产事故的有效手段。

　　从 2004 年开始，随着西气东输等管网工程的建成投运，国内天然气消费量每年均呈现高速发展的态势，各地燃气企业快速膨胀发展，吸收了大量新生从业人员进入这个高危行业，燃气企业的安全管理受到了前所未有的挑战，主要表现为：部分企业过度注重经济效益，安全管理成本投入不足；部分管理人员无视规则、漠视生命，在安全管理工作中思想麻痹、铤而走险；在生产一线从业人员中低技能员工数量庞大，而且员工普遍存在缺乏主动学习的意愿与途径。然而，在笔者近二十年的燃气行业工作经历中，耳闻目染的一桩桩血淋淋的燃气行业动火安全事故的教训背后，是对燃气行业对动火作业安全管理提出的一项项更细致、更科学、更有效、更高的工作要求。本书归纳整理总结笔者二十年的燃气动火作业工作经验，并结合各地优秀燃气企业动火安全管理制度进行编写。

　　"不以规矩，不成方圆。"希望本书能帮助、指导燃气从业人员拟定出标准化动火作业的流程、制度，把复杂的动火作业管理和操作过程融为一体，能有效控制、约束、规范人的行为，从而把各类失误降低到最低程度。进一步有效地控制不安全因素。同时，也期待着动火作业的操作标准化能进一步推动燃气企业朝着"管理标准、技术标准、工作标准"目标前进；更加期待燃气行业能从动火作业单元开始，严格规定操作程序、动作要领，从根本上控制违章作业，保证作业人员上标准岗、干标准活，从而制约侥幸心理、冒险蛮干的不良现象，并最终能有效地控制"违章"现象的产生。

本书编写期间，来自华中科技大学的在读研究生向艳蕾、曹艳光、梁莹、孙 彬、喜玲玲、郑莉参与了本书的文稿整理。深圳市燃气集团股份有限公司朱汉生先生也对文稿提出了宝贵意见。另外，在编写本书时，参考和引用了有关资料，在此一并向有关各方表示感谢。

书中难免存在有不妥之处，皆因编者水平有限，欢迎广大读者批评和指正。

目　录

第一部分　燃气行业动火作业管理

第一章　动火作业基本　　　第一节　动火作业的基本概念 ················· 3
　　　　知识　　　　　　　第二节　动火作业的类型 ···················· 4
　　　　　　　　　　　　　第三节　动火作业的分级 ···················· 4
　　　　　　　　　　　　　第四节　动火作业的原则 ···················· 7

第二章　动火作业危险有　　第一节　燃气动火作业的危险有害因素分析 ····· 9
　　　　害因素的辨识及　　第二节　动火作业内主要危险有害因素
　　　　风险控制　　　　　　　　　的辨识与评估 ·················· 12
　　　　　　　　　　　　　第三节　风险控制原则及措施 ················· 19

第三章　动火作业安全　　　第一节　动火作业安全管理基本要求 ········· 26
　　　　管理　　　　　　　第二节　作业单位及相关人员安全职责 ······· 27
　　　　　　　　　　　　　第三节　动火作业分级管理 ·················· 29
　　　　　　　　　　　　　第四节　动火作业方案编制 ················· 30

第四章　动火作业过程安　　第一节　动火作业的操作程序及要点 ········· 32
　　　　全管控　　　　　　第二节　动火作业安全管控要点 ············· 34

第五章　动火作业安全防　　第一节　气体检测设备 ··············· 39
　　　　护设备　　　　　　第二节　人身安全防护用品 ············· 44
　　　　　　　　　　　　　第三节　防坠落器具 ·················· 48
　　　　　　　　　　　　　第四节　呼吸设备 ·················· 52
　　　　　　　　　　　　　第五节　其他防护设备 ··············· 55

第六章　事故应急救援　　第一节　应急救援基本知识 ················· 59
　　　　　　　　　　　　第二节　动火作业事故应急救援体系 ········· 60
　　　　　　　　　　　　第三节　动火作业事故应急救援预案 ········· 63
　　　　　　　　　　　　第四节　动火作业事故应急救援演练 ········· 71

第二部分　燃气行业动火作业典型事故及防范措施

第七章　常见动火作业事　第一节　国内工贸行业动火作业事故
　　　　故情况　　　　　　　　　　情况 ······························· 83
　　　　　　　　　　　　第二节　燃气企业动火作业事故情况 ········· 86

第八章　燃气行业动火作　第一节　责任制不落实引发的事故 ········· 88
　　　　业典型事故案例　第二节　违章作业引起的事故 ··············· 96
　　　　分析　　　　　　第三节　安全投入不足引发的事故 ········· 101
　　　　　　　　　　　　第四节　安全教育不足引发的事故 ········· 103
　　　　　　　　　　　　第五节　应急措施不到位导致的
　　　　　　　　　　　　　　　　事故 ····························· 106
　　　　　　　　　　　　第六节　其他重大动火作业事故 ··········· 111

第九章　燃气行业动火作　第一节　燃气行业动火作业安全
　　　　业安全原则及事　　　　　　八大原则 ····················· 114
　　　　故防范措施　　　第二节　燃气行业动火作业安全
　　　　　　　　　　　　　　　　事故防范措施 ················· 115

第三部分　适用的法律法规、标准规范

第十章　动火作业适用的法律法规辨识清单 ························· 129
第十一章　安全生产常用法律法规 ······························· 130
第十二章　安全生产常用标准规范 ······························· 140

附录　　　　附录1：动火安全作业证 ·················· 155

附录2：某大型燃气集团动火作业等级

划分 ·················· 156

附录3：动火作业方案 ·················· 158

附录4：大型动火作业记录表 ·············· 166

附录5：埋地燃气管道动火作业资料········ 168

附录6：动火作业现场负责人资格证········· 182

参考文献·· 183

第一部分 燃气行业动火作业管理

第一章　动火作业基本知识

第一节　动火作业的基本概念

燃气经营企业在日常生产、检维修过程中，经常要进行动火作业。根据《化学品生产单位特殊作业安全规范》GB 30871 规定，动火作业是指：直接或间接产生明火的工艺设备以外的禁火区内可能产生火焰、火花或炽热表面的非常规作业，如使用电焊、气焊（割）、喷灯、电钻、砂轮等进行的作业。

将某项作业定义为动火作业时，需要对这项作业实施严格的控制，以防止火灾或者爆炸事故的发生。不同行业涉及的火灾的爆炸风险不同，因此各行业对动火作业的界定存在较大的差异。在燃气这一火灾爆炸危险性大的行业，动火作业是指在燃气设施连接、维修、抢修等过程中采取的一般动火作业以及带气动火作业，即使用气焊、电焊、喷灯、打磨机等，在带气管道、储罐、容器以及易燃易爆危险区域内的设备上，从事能直接或间接产生明火、火花或导致管道等表面炽热的施工作业。

因此，按照以上定义，燃气行业动火作业主要包括以下两类：

（1）不带气动火作业：在禁火区进行焊接与切割作业及在易燃易爆场所使用喷灯、电钻、砂轮等进行可能产生火焰、火花和赤热表面的临时性作业。

（2）带气动火作业：在不置换管道及设备中可燃气体的条件下，有可能直接接触到可燃气体，同时在禁火区进行焊接与切割作业及在易燃易爆场所使用喷灯、电钻、砂轮等进行可能产生火焰、火花和赤热表面的作业。

本书的带气燃气设施是指已经供气或曾经供气的燃气管道或设备。

实践中，在已经置换的带气聚乙烯（PE）管道上进行焊接作业是否应归为动火作业，编者认为参考《海洋石油设施热工（动火）作业安全规程》SY 6303 建议将此归为动火作业，主要考虑：（1）可能由于作业行为（如工具碰撞或工具撞击石块等）或使用非防爆机具或临时用电的电缆连接不牢靠（或绝缘皮破损等）等产生明火或火花引发爆炸或燃烧；（2）燃气意外泄漏过程中产生静电或接触周边环境中的静电、明火等引发爆炸或燃烧；（3）焊接温度较高，加之个别 PE 管件质量问题的原因，焊接中可能产生高温熔融物而着火，烧毁管道或管件，或熔融物飞溅伤人。

第二节　动火作业的类型

动火作业的类型多样，主要包括但不限于以下 5 种类型，在日常的生产、检维修过程中，作业单位应能准确判断所进行的作业是否属于动火作业。

（1）金属切割作业：气焊、电焊、铅焊、锡焊、塑料焊等各种焊接作业及气割、等离子切割机、砂轮机、磨光机等各种金属切割作业。

（2）明火作业：使用喷灯、液化气炉、火炉、电炉等明火作业。

（3）烧、熬、炒和产生火花的作业：烧（烤、撖）管道、熬沥青、炒砂子、铁锤击（产生火花）物件、喷砂和破拆地面等产生火花的其他作业。

（4）临时用电和使用非防爆电器作业：在生产装置和罐区连接临时电源，并使用非防爆电器设备或电动工具进行作业。

（5）爆破作业：使用雷管、炸药等进行爆破作业。

第三节　动火作业的分级

结合燃气行业特点，一般根据动火作业实施的位置及管道压力级制，进行动火作业分级，通常只要满足一个条件即可确定动火作业级别，实行就高不就低原则。

一、按照压力级制分类

按照压力级制和是否带气区分，可将动火作业分为以下三级：

1. 一级动火作业

（1）高压、次高压、CNG 运行场所防爆区域内从事气焊、电焊、钎焊、氧割、燃烧、喷灯、电动切割、打磨等明火作业。

（2）高压、次高压运行管道本体上从事气焊、电焊、钎焊、氧割、喷灯、燃烧、电动切割、打磨等明火作业。

（3）所有直接带气动火作业。

2. 二级动火作业

（1）高压、次高压、CNG运行场所防爆区域外的场所从事气焊、电焊、钎焊、氧割、燃烧、喷灯、电动切割、打磨等明火作业。

（2）高压、次高压燃气管道及设施水平净距1.5m范围内从事气焊、电焊、钎焊、氧割、喷灯、燃烧等明火作业。

（3）所有中压燃气管道及大于等于$DN200$的低压燃气运行管道和设施的本体上从事气焊、钎焊、电焊、氧割、喷灯、燃烧、电动切割、打磨等明火作业。

3. 三级动火作业

（1）在小于$DN200$的低压燃气运行管道及设施的本体上从事气焊、电焊、氧割、喷灯、燃烧、电动切割、打磨等明火作业。

（2）在中、低压燃气运行管道及设施水平净距1m范围内从事气焊、电焊、钎焊、氧割、喷灯、燃烧等明火作业。

（3）所有已置换可燃气体的管道或设施上的动火作业。

（4）高压场站的防爆区域内临时使用非防爆电器或电工作业。

（5）高压场站的非防爆区域内临时从事气焊、钎焊、电焊、氧割、喷灯、燃烧、电动切割、打磨等明火作业。

（6）仓库、库房等物料储存区域内从事气焊、电焊、钎焊、氧割、喷灯、燃烧及电动切割、打磨等产生明火的作业。

说明：上述二、三级动火作业均指非直接带气作业。

二、按照生产区域分类

可根据生产区域分为固定动火和固定动火区外的动火作业。固定动火是指在生产区外，作业环境相对安全，火灾爆炸危险小，由企业自行划定的固定区域的动火。固定动火区外的动火作业一般分为特殊动火、一级动火、二级动火三个级别。

1. 特殊动火作业

特殊动火作业是指在生产运行状态下的易燃易爆生产装置、输送管道、储罐、容器等部位上及其他特殊危险场所进行的动火作业，带压不置换动火作业按特殊动火作业管理，但是，原则上不进行带压不置换动火作业。以下作业建议参照特殊动火作业管理。

（1）在运行状态下的生产、储存、输送易燃易爆介质的设备、容器、管道本体上进行的直接产生明火的动火作业。

（2）停运状态下的设备、容器、管道，因条件限制无法清洗、置换，但又确需进行产生明火的动火作业。

（3）码头泊位油轮停靠时从油轮边缘起向外延伸35m以内区域的直接产生明火的动火作业。

（4）在存在易燃填料的设备、设施、容器内的动火作业。

（5）在带有可燃物质或有毒介质的设备、容器、管道上直接产生明火的带压不置换开孔、堵漏动火作业。

2. 一级动火作业

在易燃易爆场所进行的除特殊动火作业以外的动火作业。厂区管廊上的动火作业按一级动火作业管理。

以下区域内的动火作业建议参照一级动火作业管理。

（1）正在进行的危险化学品工艺生产装置区域。

（2）可燃气体、液化烃、可燃液体及有毒介质的泵房、机房区域。

（3）可燃气体、液化烃、可燃液体、氧化剂及有毒介质罐区防火堤或围墙内区域。

（4）可燃气体、液化烃、可燃液体、有毒介质的装卸区、充装站、洗槽站区域。

（5）码头泊位油轮停靠时，从油轮边缘向外延伸35～70m的区域；泊位无油轮停靠时，在主靠作业平台区域。

（6）工业污水处理厂及含油污水管道，工业下水系统的隔油池、油沟、下水井及包括上述地点15m以内的区域。

（7）循环水场的易燃易爆部位及凉水塔顶部区域。

（8）空分装置所属的设备管道及纯氧管道。

（9）危险化学品库、润滑油站。

3. 二级动火作业

除特殊动火作业和一级动火作业以外的动火作业。以下作业建议参照二级动火作业管理。

（1）生产装置或系统全部停车，装置经清洗、置换、监测分析合格并采取安全隔离措施后进行的动火作业。

（2）经吹扫、处理、监测分析合格，并与系统采取安全隔离措施，不再释放有毒有害和可燃气体的检测储罐的罐区动火作业。

（3）生产装置区、罐区的非防爆场所及防火间距以外的区域（包括操作室、变配电间等）。

（4）堆放可燃物或固体产品的站台、仓库等。

（5）从易燃易爆、有毒有害装置或系统拆除的，经吹扫、处理、分析合格，且运到安全地点的设备或管道。

4. 特殊情况的动火作业

如遇节日、假日、夜晚和重大活动期间，以及异常天气等特殊情况下，动火作业应升级管理。

（1）直径小于某个管径（含）的 PE 燃气管道动火作业按三级动火作业处理，直径大于某个管径的 PE 燃气管道动火作业按二级动火作业处理。某个管径可选择为本企业市政管道的主流管径或主干管管径，如本企业的燃气管网主要是 $DN200$（或 $\phi200$），则可以确定为划分等级的管径为 $DN200$（或 $\phi200$）。

（2）高压（次高压）天然气管道动火作业均按一级动火作业处理。

（3）管网动火作业符合下列条件之一时，动火作业等级上升一级：

1）同一作业同时进行 3 处（含）以上动火；

2）一次动火作业停气户数达到某个数值或总用户数的某个比例；

3）采取了临时供气措施的（可设置达到某个规模的供气量或一定数量的临时供气点）；

4）重大活动、重要节假日期间等；

5）作业场所位于当地重要场所，如大型城市综合体等；

6）动火作业的主要工作委托其他单位的情况。

燃气企业应根据企业的安全管理能力、技术力量等，并结合危害识别与风险评估成果，因地制宜地确定某次动火作业的等级。

第四节　动火作业的原则

动火作业属于危险作业，如果在动火作业前未准备充分、作业过程中未落实安全措施或动火结束未认真清场，就可能会引发火灾、爆炸、中毒窒息、触电、机械伤害等事故。

一、动火作业应遵循的基本原则

1. 凡是能不动火的作业一律不准动火作业。

2. 凡是能拆下来的一定要拆下来，转移至安全区域动火。确实无法拆移，必须在正常生产的装置和罐区内动火的，需做到：

（1）按要求办理动火作业许可证。

（2）创建临时的动火安全区域。

（3）转移可燃易燃等物品。

（4）做好隔离措施。

（5）做好作业时间计划，避开危险时段。一般情况下节假日及夜间作业，非生产必需，一律禁止动火。

（6）遇有 5 级以上大风（含 5 级）不准动火。

二、动火作业"六大禁令"

1. 动火证未经批准，禁止动火。

2. 不与生产系统可靠隔绝，禁止动火。

3. 不清洗、置换不合格，禁止动火。

4. 不清除周围易燃物，禁止动火。

5. 不按时做动火分析，禁止动火。

6. 没有消防措施，禁止动火。

关于能源隔离，有一个基本原则需要再次强调，即"相信盲板，不要相信阀门"，绝不可以使用关闭阀门来隔离能源。即使采用了盲板隔离措施，在作业持续期间也应定时检测管道或设备内的压力等参数；如果有条件的话，使用具备连续监测功能的仪器设备是最为妥当的。

第二章　动火作业危险有害因素的
辨识及风险控制

第一节　燃气动火作业的危险有害因素分析

燃气行业动火作业属于高风险作业，其危险有害因素主要存在于以下作业环节中。

一、在管道或容器上的焊接或热切割作业

在管道或容器上进行焊接或热切割作业时，存在的一个主要风险是管道或者容器内存在残留的易燃物，这种情况极易发生爆炸。如果可行，在管道或容器上的切割作业应尽量采用冷切割的方式，采用冷切割的方式可以从根本上降低甚至消除火灾隐患，使作业的安全性大大提高。如果必须在曾经处理过或者盛装过易燃物的管道或者容器上实施焊接或者热切割作业时，则必须对拟作业的部分实施最高级别的隔离，即拆断或者加装盲板，以防止其他流程、装置的介质串入，同时，对拟作业部分进行排空、清洗、置换，最大限度确保管道、容器内不存在任何易燃物。

在有些情况下，彻底清理干净管道、容器内的介质，特别是附着在内壁的介质十分困难。在这种情况下，可以考虑采用对管道、容器内部空间进行惰化的方法，即向管道、容器内部注入氮气等惰性气体，以移除管道、容器内部空间火灾三要素之一的氧气。当采用这种方法时，一定要注意通过正确的气体检测方法验证置换是否彻底。

二、乙炔割枪工具及使用

乙炔割枪是气割所使用的主要工具（图2-1），在燃气行业的动火作业中，属于高级别的监控（明火）。一般乙炔割枪为射吸式结构，通常有三个开关，最上面的是高压氧开关，也就是俗称的高风开关，高风开关下面

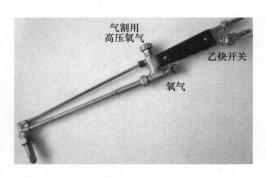

图 2-1　乙炔割枪

的是混合气开关，最后面的一个开关是乙炔开关。应根据割枪及所配割嘴的型号，恰当地调节氧气阀，控制供氧压力和流量。

割枪点火应使用摩擦打火机、固定的点火器或其他适宜的火种，注意避免瞬间火焰伤手。禁止用焊接火源点燃割枪，因为焊接火源实际上是熔融的金属或无固定方向飞溅的高温铁质颗粒，极易造成割嘴堵塞或铁质颗粒溅入割嘴内，混合气体在割嘴内部即开始燃烧引发回火。

割枪点火通常有两种方法，先开乙炔阀、后点火、再开氧气阀，或者先开氧气阀、后开乙炔阀、再点火。对于经验不足者，为安全起见，建议采用第 1 种方法；有一定经验者，或在狭小作业空间，通风不良而有多把割枪同时作业时，为改善环境卫生条件，可按第 2 种方法开阀点火。两种方法操作时，预热氧阀门旋动均应缓慢进行，如果太快，割枪内的射吸力会骤然加强，使乙炔供应量跟不上，从而造成回火。回火事故轻则损坏设备工具，重则发生爆炸，严重威胁到操作人员的生命安全。回火事故存在很大的隐蔽性，对发生回火事故的原因进行分析，提出防范措施。

在通风不良的狭小空间使用乙炔割枪时，存在的一个主要风险是：当乙炔软管出现泄漏，或者在从割枪排出乙炔气体时，由于空间比较狭窄且通风不良，极易在狭小的空间内形成爆炸混合物，并在点火时发生闪爆。

因此，当需要在通风不良的狭小空间使用乙炔割枪时，一定要检查并确保乙炔软管及连接部位没有泄漏，并且不在这样的作业点人为排放乙炔气体。如果能够同时在作业点架设强制通风设备，将可能产生泄漏的乙炔及时驱散，则可使这样的作业防火安全性大大提高。

三、作业区域的易燃可燃物

在进行动火作业前，非常重要的一点是移除作业区域所有的易燃、可燃物，比如油漆、易燃化学品、油布、木料、尼龙制品等，如果动火作业现场没有了易燃、可燃物，也就不可能发生火灾或者爆炸了。在油管上进行气割作业，移除作业场所易燃、可燃物时要注意所涉及的范围，如果在进行动火作业时，火花有可能从孔洞落入下一层空间，则也要对这些区域的易燃、可燃物进行移除处理；如果在进行动火作业时，高温物件会引燃隔壁另一侧的物品，则同样也要对这些区域的易燃、可燃物进行移除处理。

四、火花的飞溅和扩散

在进行焊接或者气割作业时，特别是在位置比较高的作业点进行这些作业时，作业产生的火花可能会落下并在较大范围内飞溅、扩散，引燃这些区域的易燃、可燃物。因此，除了要在尽可能大的范围内移除或隔离易燃、可燃物以外，还应考虑采取措施避免火花飞溅、扩散，比如在动火作业点下面放置接火盆、铺上防火毯，将产生的火花接住。

五、氮气窒息

燃气动火作业之前，需要使用氮气置换，若作业现场空气不流通、未进行氧气浓度分析或动火人未采取有效的安全防护措施，由于氮气的浓度增大导致空气中的含氧量降低，从而引发窒息事故。

六、交叉作业

交叉作业是在同一工作面进行不同的作业，或者是在同一立体空间不同的作业面进行不同或相同的作业。有些作业与动火作业同时进行可能会引发危险，比如：在动火作业现场进行的生产与施工之间的交叉作业，在动火作业现场进行的油漆作业，在动火作业现场进行拆开易燃品管道的作业，或者在动火作业现场进行燃气管道、容器的置换作业，这些作业都会增加动火作业的火灾风险。因此，在进行作业活动的组织安排时，要考虑可能会与动火作业产生相互影响的交叉作业，并做出合理的安排以规避风险。

七、杂散电流

电焊动火中杂散电流引发火灾和爆炸等事故需要具备 3 个必要条件：一是杂散电流的电路中有火花放电间隙；二是火花放电的能量大于易燃、可燃气体的最小点火能量；三是放电火花间隙中存在易燃、可燃气体，且其浓度大于该气体的爆炸下限。结合油气管道动火作业中杂散电流的分布规律，提出两方面防范措施：一是消除产生电火花的放电间隙；二是消除或减少动火作业中的杂散电流，使其电流和电位低于产生危险电火花的阈值。

第二节　动火作业内主要危险有害因素的辨识与评估

动火作业的主要风险就是引起火灾或爆炸事故。由于动火作业过程中会产生火源，如果作业环境中存在易燃气体、易燃液体或者固体易燃、可燃物，并被动火作业过程中所产生的火源点燃，就会发生火灾或者爆炸事故。当环境中存在易燃挥发物，并达到爆炸极限，形成爆炸混合物，且爆炸混合物遇到动火作业所产生的火源后就有可能发生爆炸。动火作业场所存在的易燃物的易燃程度越高，则发生火灾或者爆炸的可能性越大；作业环境中存放的易燃或者可燃物的量越大并且距离密集人群越近，则发生火灾事故后其后果会越严重。通过识别动火作业中的风险，并且对风险进行评价，可以帮助确定一项动火作业风险的大小，并根据风险的大小制定与之相匹配的控制措施。

一、动火作业主要危险、有害物质及风险辨识

燃气行业动火作业的主要风险是燃气泄漏后引起的一系列危害。具体辨别如下。

1. 主要危险、有害物质

（1）人工燃气

由煤、焦炭等固体燃料或重油等液体燃料经干馏、气化或裂解等过程所制得的气体，统称为人工燃气。按照生产方法，一般可分为干馏煤气和气化煤气（发生炉煤气、水煤气、半水煤气等）。人工燃气的主要成分为烷烃、烯烃、芳烃、一氧化碳和氢气等可燃气体，并含有少量的二氧化碳和氮等不可燃气体，热值为 $16000 \sim 24000 kJ/m^3$。

（2）液化石油气

液化石油气是在炼油厂内，由天然气或者石油进行加压降温液化所得到的一种无色挥发性液体。极易自燃，当其在空气中的含量达到了一定的浓度范围后，它遇到明火就能爆炸。经由炼油厂所得到的液化石油气主要组成成分为丙烷、丙烯、丁烷、丁烯中的一种或者两种，而且其还掺杂着少量戊烷、戊烯和微量的硫化物杂质。外观与性状：无色气体或黄棕色油

状液体有特殊臭味。液态液化石油气密度：580kg/m³，气态密度：2.35kg/m³，气态相对密度：1.686（空气＝1），爆炸极限：1.5％～9.5％（体积比），引燃温度：426～537℃，热值：92100～121400kJ/m³。

（3）天然气

天然气是一种主要由甲烷组成的气态化石燃料。它主要存在于油田和天然气田，也有少量出于煤层。主要物理特性：主要组分为丙烷、丙烯、丁烷、丁烯，并含有少量戊烷、戊烯和微量硫化氢等杂质。不溶于水。熔点－182.5℃，沸点－160℃，闪点－190℃，相对密度（水＝1）0.45～0.6，相对蒸气密度（空气＝1）0.5548，爆炸极限5％～15％（体积比），自燃温度426～537℃，热值为33494.4～35587.8kJ/m³。

2. 主要危险、有害因素风险程度辨别

（1）易燃特性

燃气是典型的烃类化合物，也具备烃类化合物最大的特点就是易燃性。而且成分中包含的这些烃类化合物的闪点和自燃点都是非常低的，很容易引起燃烧。

（2）低温特性

由于液态的天然气储存温度极低，泄漏后的初始阶段会吸收地面和周围空气中的热量迅速气化。但到一定的时间后，地面被冻结，周围的空气温度在无对流的情况下也会迅速下降，此时气化速度减慢，甚至会发生部分液体来不及气化而被防护堤拦蓄。气化的天然气在空气中形成冷蒸气云。冷蒸气云或者来不及气化的液体都会对人体产生低温灼烧、冻伤等危害。

液态燃气泄漏后的冷蒸气云、来不及气化的液体或喷溅的液体，会使所接触的一些材料变脆、易碎，或者产生冷收缩，致使管材、焊缝、管件受损产生泄漏。特别是对储罐可能引起外筒脆裂或变形，导致真空失效，绝热性能降低，从而引起内筒液体膨胀压力升高，造成更大事故，设备的混凝土基础可能由于冷冻而强度受损。

（3）火灾危险类别

燃气在火源作用下，在空气中能够产生剧烈的燃烧，并出现火焰。天然气燃烧无物态变化，燃烧速度快，放出热量多，火焰温度高、辐射热强，因而危害性大。

（4）可压缩性

天然气是一种可压缩气体，在高压情况下天然气会在极短的时间内急剧膨胀，可能发生物理爆炸导致设备破坏、人员伤亡事故。

（5）中毒与窒息危险性

1）人工燃气

人工燃气的毒性主要来源于含有一氧化碳。一氧化碳无色无味，常在意外情况下，不知不觉侵入呼吸道，通过肺泡的气体交换，进入血流，并散布全身，造成中毒。一氧化碳攻击性很强，空气中含 0.04％～0.06％或以上浓度很快进入血流，在较短的时间内强占人体内所有的红细胞，紧紧抓住红细胞中的血红蛋白不放，使其形成碳氧血红蛋白，取代正常情况下氧气与血红蛋白结合成的氧合血红蛋白，使血红蛋白失去输送氧气的功能。一氧化碳与血红蛋白的结合力比氧与血红蛋白的结合力大 300 倍。一氧化碳中毒后人体血液不能及时供给全身组织器官充分的氧气，这时，血中含氧量明显下降。大脑是最需要氧气的器官之一，一旦断绝氧气供应，由于体内的氧气只够消耗 10min，很快造成人的昏迷并危及生命。

2）液化石油气

液化石油气是一种有毒性的气体，但是这种毒性的挥发是有一定条件的。只有当液化石油气在空气中的浓度超过了 10％时才会挥发出让人体出现反应的毒性。当人体接触到这样的毒性之后就会出现呕吐、恶心甚至昏迷的情况，给人体带来极大的伤害。

3）天然气

天然气是经过净化的天然气（已经脱硫处理），硫化氢含量很低。天然气输送过程中可能存在的化学毒物主要有：甲烷、非甲烷重烃，当甲烷和非重烷烃在空气中浓度达到 10％时，人感到供氧不足；当达到 25％～30％时，可引起头部不舒服，注意力不集中、呼吸和心跳加速、精细动作障碍等；当达到 30％以上时可能会缺氧窒息、昏迷等。

对于生产作业活动，一般都采用工作危害分析法（JHA）。工作危害分析是一种通过表格形式较细地分析工作过程中存在危害的方法，把一项工作活动分解成几个步骤，识别每一步骤中的危害和可能的事故，设法消除危害。

二、动火作业的步骤

现场动火作业不是一种孤立行为，它由以下各个环节组成。

动火作业步骤：（1）新增项目验收；（2）施工方案拟定；（3）用火申请；（4）动火作业实施方案拟定（含现场勘察、落实安全措施、动火工、器具检查）；（5）动火审批；（6）动火前检查；（7）置换（放散）作业；
（8）现场监护；（9）现场验收；（10）供气；（11）动火结束。

其中任何一个环节出现问题，都可能留下隐患，导致事故发生。

三、动火作业的风险评估

动火作业的风险评估可使用风险矩阵法（简称 LS），R＝L×S，其
中，R 是危险性（也称风险度），是事故发生的可能性与事件后果的结合，
L 是事故发生的可能性；S 是事故后果严重性；R 值越大，说明该系统危
险性越大、风险越高。在动火作业风险评估过程中，动火作业危害发生的
可能性（L）依据各环节危害发生频率、管理制度、员工胜任程度和监
测、连锁设备设施等因素评估，按可能性从低到高对应 1～5 五个等级；
同样，动火作业危害后果的严重性（S）可依据各环节对人体的危害程
度、财产损失、法规及规章制度符合情况和形象受损程度等因素评估，按
严重性从低到高对应 1～5 五个等级；动火作业风险等级评估结果（R）
按照评分从低到高可定性为低风险、一般风险、较大风险与重大风险四个
等级。具体判断准则如表 2-1～表 2-4。

（1）危害发生的可能性 L 判定准则（表 2-1）

危害发生可能性 L 判定　　　　　　　　　表 2-1

等级	标　准
5	现场没有采取防范、监测、保护、控制措施，或危害的发生不能被发现（没有监测系统），或在正常情况下经常发生此类事故或事件
4	危害的发生不容易被发现，现场没有检测系统，也未发生过任何监测，或在现场有控制措施，但未有效执行或控制措施不当，或危害常发生或在预期情况下发生
3	没有保护措施（如没有保护装置、没有个人防护用品等），或未严格按操作程序执行，或危害的发生容易被发现（现场有监测系统），或曾经作过监测，或过去曾经发生类似事故或事件，或在异常情况下类似事故或事件
2	危害一旦发生能及时发现，并定期进行监测，或现场有防范控制措施，并能有效执行，或过去偶尔发生事故或事件
1	有充分、有效的防范、控制、监测、保护措施，或员工安全危险意识相当高，严格执行操作规程。极不可能发生事故或事件

（2）危害后果严重性 S 判定准则（表 2-2）

危害后果严重性 S 判定　　　　　　　　表 2-2

等级	法律、法规及其他要求	人员	财产损失（万元）	停工	公司形象
5	违反法律、法规和标准	死亡	>50	部分装置（>2套）或设备停工	重大国际国内影响
4	潜在违反法规和标准	丧失劳动能力	>25	2套装置停工或设备停工	行业内、省内影响
3	不符合上级公司或行业的安全方针、制度、规定等	截肢、骨折、听力丧失、慢性病	>10	1套装置停工或设备	地区影响
2	不符合公司的安全操作程序、规定	轻微受伤、间歇不舒服	<10	受影响不大，几乎不停工	公司及周边范围
1	完全符合	无伤亡	无损失	没有停工	形象没有受损

（3）风险等级 R 判定准则及控制措施（表 2-3）

风险等级 R 判定准则及控制措施　　　　　　　表 2-3

风险度	等级	应采取的行动/控制措施	实施期限
21~25	巨大风险	在采取措施降低危害前，不能继续作业，对改进措施进行评估	立刻
15~16	重大风险	采取紧急措施降低风险，建立运行控制程序，定期检查、测量及评估	立即或近期整改
6~12	中等	可考虑建立目标、建立操作规程，加强培训及沟通	2年内治理
1~5	可接受	可考虑建立操作规程、作业指导书但需定期检查或无需采用控制措施，但需保存记录	有条件、有经费时治理

注：R＝L×S—危险性或风险度（危险性分值）；

L——发生事故的可能性大小（发生事故的频率）；

S——一旦发生事故会造成的损失后果。

（4）风险等级判定表（表 2-4）

风险等级判定　　　　　　　　表 2-4

可能性 L ＼ 严重性 S	1	2	3	4	5
1	1	2	3	4	5
2	2	4	6	8	10
3	3	6	9	12	15
4	4	8	12	16	20
5	5	10	15	20	25

某个动火作业工作危害分析（JHA）记录表见表 2-5。

某个动火作业工作危害分析（JHA）记录表　　　　　　表 2-5

序号	工作步骤	危害	潜在事件或后果	现有安全控制措施	L	S	风险度（R）	建议改正/控制措施
1	现场踏勘	未查明现场情况	方案实效或作业中断或造成其他事故	作业流程	4	4	16	流程约束
2	制定方案	未能充分掌握现场情况，级别不对	方案失效	动火作业规程	2	5	10	对编制方案人员进行培训
3	审批方案	没有按流程审批	违章作业	动火作业规程	1	5	5	流程约束
4	作业前交底	未进行作业交底或交底不全面	违章作业，发生突发事故不能有效应对，引发安全事故	作业前交底	3	5	15	流程约束
5	作业前检查	作业现场条件不具备	影响施工质量遗留隐患或引发安全事故	制定方案前掌握作业现场	2	5	10	流程约束
		作业人员生病或精神状态不适合作业；或未按规定佩戴防护用品	人员伤亡	现场监护进行辨识、掌控；安全意识	1	5	5	安全培训，制度、流程约束
		没有进行气体浓度检测	发生爆炸、窒息等安全事故，如引发附近沟、井内气体爆炸	现场监护辨识、掌控；安全意识	2	5	10	安全培训，制度、流程约束
		未进行碰口前检查	燃气泄漏或爆燃、爆炸，串气引发用户系统事故	现场监护辨识、掌控；安全意识	3	5	15	安全培训，制度、流程约束

序号	工作步骤	危害	潜在事件或后果	现有安全控制措施	L	S	风险度（R）	建议改正/控制措施
6	安全监督	监督人员不在现场	违反规章制度	制度约束	1	5	5	安全培训，制度、流程约束
		没有履行监督职责	违章作业不能得到及时纠正和制止，引发安全责任事故	制度约束	1	4	4	安全培训，制度、流程约束
7	动火作业	系统未完全隔离	燃气泄漏，引发爆燃、爆炸	现场监护辨识、掌控；	2	5	10	流程约束、强化监管
		开口前未仔细检查和考虑配管	造成接驳困难或引发安全事故，影响供气	细化技术交底	2	5	10	流程约束、强化监管
		再次作业前未检测浓度	混合气体处于爆炸极限范围，可能引发爆燃、爆炸	公司操作规程	2	5	10	流程约束、强化监管
		焊接作业未按照规程作业	质量隐患，或作业失败	制度约束	2	3	6	流程约束、强化监管
8	气密性检测	未按照要求查漏或查漏不合格	恢复供气后造成再次抢修，影响用户	制度约束	1	5	5	流程约束、强化监管
9	回填与现场清理	未及时回填和清理现场	引发投诉，造成行人伤害或财务损失	制度约束	3	4	12	流程约束、强化监管
10	作业资料	未能按照规求填写作业记录	违反规章制度，造成管网信息不明确，遗留管理隐患	制度约束	1	3	3	流程约束、强化监管
11	信息反馈	未向巡查、供气等部门（班组）反馈碰口信息	管理缺失，引发供气事故和人员伤亡	制度约束	1	5	5	流程约束、强化监管

　　为防止遗漏危害因素，建议按照《企业职工伤亡事故分类》GB 6441的事故类别为后果进行一次全面、系统地识别。燃气企业可以对既往动火作业的危害因素和控制措施进行分析，如本企业已能有效控制的危害因素，应适当降低级别。将经常性遇到危害因素的控制措施写入管理制度、作业规程或流程。

第三节　风险控制原则及措施

　　燃气企业应根据风险评价的结果及经营运行情况等，确定不可接受的风险，制定并落实控制措施，将风险尤其是重大风险控制在可以接受的程度。同时，企业应围绕风险评价的结果及所采取的控制措施对从业人员进行宣传、培训，使其熟悉工作岗位和作业环境中存在的危险、有害因素，掌握并落实应采取的控制措施。

　　风险控制的原则要考虑控制措施的可行性、安全性和可靠性。应结合企业自身的经营运行情况，确保控制措施的可行性和可靠性、控制措施的先进性和安全性、控制措施的经济性与合理性。

　　通过工作危害分析方法对动火作业进行分析可得出：确定动火部位、落实安全措施、动火工器具检查、动火分析以及现场监护等环节是动火作业安全风险控制的重点。尤其是现场作业监护，常常是动火作业中容易被忽视的薄弱环节。根据风险控制的原则，应对上述各个动火环节实施重点风险管控，采取措施消除或降低风险。

一、规范动火作业风险控制措施

　　需要动火的部门必须提前至少 48h 向安全部门提出申请，按照审批完成的动火作业方案，由相关单位及基层生产单位技术人员到现场进行勘查，明确具体动火点，确认动火级别，现场拟定动火防范措施并做好危害识别，落实好安全措施，尽量减少现场的危险源。对易燃易爆场所动火作业要严格责任分工，逐级审批，严守规章制度和操作规程，落实安全防范措施，确保万无一失。

1. 编制《动火作业计划书》

　　《动火作业计划书》是防止事故发生的关键一环，是落实各项安全措施的重要依据和保障，不仅要在动火票上填写分析数据、分析人、动火时间和地点、动火人、批准人等内容，而且还要注明动火的安全措施及落实情况。因此，为确保动火过程中施工场所内的设备及管道安全，必须由熟知作业流程及作业风险的技术或安全人员，配合施工单位在施工前根据现场情况拟定动火方案，编制切实可行的《动火作业计划书》。

2. 落实安全措施

《动火作业计划书》审批完成后，由基层生产单位和施工单位的负责人、监护人员严格按照《动火作业计划书》逐项落实各项措施。

（1）隔离。在动火设备和相连的生产系统管道法兰之间插入绝缘盲板，在抽、堵盲板前应仔细检查设备和管道内是否有剩液和余压，并防止形成负压吸入空气发生爆炸。做好自我防护工作，防止操作人员中毒、烫伤事故发生。抽堵的盲板必须按工艺顺序编号，并做好登记核查工作。此外，在隔离时还应考虑动火点与周围设备、易燃物的安全隔离，对周围不能移动的设备，如易燃气体管道、容器等，应用水喷湿、盖上石棉板或消防毛毡、湿麻袋等来隔绝火星。同时在非施工区域设置警戒线或设置隔离板，带压区域设置隔离板。

（2）置换吹扫。为确保整个动火作业过程安全，在动火前必须对动火设备内的可燃爆炸物料进行置换处理，使可燃物分子与氧分子隔离，在它们之间形成不燃的"障碍物"。置换是否彻底不能以置换介质的用量多少或时间长短确定，而应根据化验分析结果，防止出现死角和吹扫不净的情况。对于未进行分析测试，或无法确认可燃气体浓度合格的容器、管道，不得随意动火。

（3）移去可燃物。凡可以拆卸的动火设备或管道，均应拆迁到固定动火区或其他安全的地方进行动火，尽量减少禁火区内的动火作业，同时将动火地点周围的一切可燃物，如汽油、易燃溶剂、油棉纱以及盛放过易燃物质尚未清洗的空桶等移动到安全场所。

（4）个人防护用品。作业人员要正确佩戴劳动保护用品，如作业服、防护手套、工作鞋、安全帽、安全绳和夜间反光衣等。未佩戴安全防护用品的人员一律不得进入作业警戒区域。

（5）规范现场器具摆放和使用。现场器具摆放主要是针对施工人员所用器具进行现场规范。动火使用的设备、工具摆放整齐有序，必须符合安全要求，其安全附件必须齐全、完好。作业现场应按"场地区域化，摆放定制化"的原则规划，如划分警戒区域、设备材料区域、加工区域、作业区域等。部分现场须配备通风设备，如在操作坑内或其他通风不畅，可能聚集易燃易爆、有毒有害气体的作业现场，须使用防爆通风设备进行持续吹扫。需要注意的是，动火作业工具须使用防爆工具，且现场小型发电机等电器设备须接地保护。

（6）逃生通道。作业现场要保证逃生通道畅通。作业坑必须做好防滑处理，对作业坑周围土方进行夯实，必要时进行放坡或台阶处理，作逃生通道使用。在现场条件不具备放坡或挖掘临时台阶时，还可以使用木制或竹制的梯子作为逃生工具。

（7）消防器材。消防器材应放置在明显、易拿取又较安全的地方，其周围不得有障碍物或堆放杂物；作业人员必须懂得消防器材性能、用途及操作方法，并做到"四定"（定点、定时、定型号和用量、定专人维护管理），保证消防器材处于良好备用状态，不准挪作他用；定期检查做好记录，对失效的消防器材及时清理补足。

3. 土方开挖

动火作业部位如需土方开挖，则动火作业坑的开挖也是整个动火作业过程中的重要一环，安全管理部门要加强土方开挖的监督。

（1）办理开挖许可。施工单位依据动火作业方案及动火作业计划书，由项目工程师绘制交通疏导图并编制交通疏导方案，办证专员到相关执法部门提交资料，办理开挖许可。

（2）土方开挖及交底。获得开挖许可后，施工单位通知土方开挖人员到达现场做好定位放线，进行土方交底，确保安全文明施工。开挖点位置周边需要进行围挡警戒，应根据现场情况，采用全封闭围挡，围挡之间紧密连接，不留缝隙，并加装防尘网。围挡外侧应设置警示牌，夜间设置警示反光灯，操作坑的开挖要求需符合《城镇燃气输配工程施工及验收规范》CJJ 33。

（3）动火作业坑开挖的形式、尺寸、深度等，主要根据动火作业的部位及作业内容来决定，应满足动火作业安全操作的需求。

4. 检测仪器到位可用

动火现场监护人需按照《动火作业计划书》的内容，预先准备好各种测试仪器，满足测试需要。每个测试点上需2台及2台以上测试仪测试合格，做好记录，需双方负责人确认签字。

5. 人员到位，安全教育及手续资料齐全

所有人员在进场（站）前必须接受安全教育。动火作业前，动火作业负责人、作业人员、监护人员和安全监督人员应同时在场，确认动火作业安全措施落实情况，手续资料办理齐全并签字认可之后方可动工。

二、加强动火作业现场监护措施

1. 动火负责人和监护人员应知应会

作为动火负责人和监护人必须熟悉动火现场情况，能及时发现异常现象并恰当地处理出现的危险和突发事件。

2. 动火现场人员要求

（1）动火作业人员：持有效证件、施工手续，劳保用品穿戴齐全，遵守施工区域规章制度。

（2）动火负责人和监护人：作业中不准离开现场，如发现生产系统有紧急情况或异常，必须立即通知停止动火作业。作业完成后，同动火执行人检查现场，消除残火，确认无遗留火种，方可离开。

（3）气体检测人员：必须在动火期间定时、定点检测气体浓度，并如实填写取样时间、地点和检测结果，最后签字确认，不得有半点疏忽或抱有任何侥幸心理。

（4）换人。作业中途一般不允许换人，包括作业人、监护人和负责人，确需换人的，必须是同等级别人员交换，且须到现场进行交底并办理书面的委托书。在受托人未了解清楚动火作业进度、现场及周围情况前，不能盲目动火作业。

3. 动火施工设施要求

（1）逃生通道。随时保证逃生通道畅通，避免物料、机具占据消防通道。

（2）消防设施。保证消防器材完好无损且无作他用，随时处于备用状态。

（3）警戒标志。随时保证现场警戒线或隔离带明显、有效。

（4）工器具摆放。现场所有工器具摆放规范整齐，用完后及时回收。尤其是气瓶的使用，避免出现倒放使用、无防振胶圈或防振胶圈数量不够、横卧滚动后马上使用、气瓶间安全距离不够或气瓶与动火点间安全距离不够、气瓶的导管破损、气瓶上减压阀和阻火器等附件不完好或出现泄漏、未用气瓶在动火区域内等现象。

（5）防护器材。防火星飞溅措施不到位不准动火。

4. 气体检测要求

施工过程中，必须保证专人按要求定时使用合适且灵敏准确的气体检测仪器对动火点和周围环境中的气体进行检测，做好文字记录，尤其是每次动火前的检测和天气发生变化后的检测。

5. 现场施工要求

（1）禁止超作业票范围作业、擅自增加动火点、无作业票作业。

（2）不准在带压设备和管道上动火，或者动火中一旦发现已经隔离、置换、放空过的管道设备有压力，必须马上停止一切作业，查找原因，待措施重新落实并确认无任何危险时方可重新动火。

（3）动火作业时，严禁速冷高温管道、设备等容器，必须采用自然冷却的办法。

（4）如在动火作业中涉及其他特种作业时，应办理其他特种作业许可证及相关作业票据。

三、动火作业常见风险处置对策（表2-6）

动火作业常见风险处置对策 表 2-6

序号	动火作业常见风险	处置对策
1	易燃易爆有害物质	（1）将动火设备、管道内的物料清洗、置换，经分析合格。 （2）储罐动火，清除易燃物，罐内盛满清水或惰性气体保护。 （3）设备内通（氮气、水蒸气）保护。 （4）塔内动火，将石棉布浸湿，铺在相邻两层塔盘上进行隔离。 （5）进入受限空间动火，必须办理《受限空间作业证》
2	火星串入其他设备或易燃物侵入动火设备	切断与动火设备相连通的设备管道并加盲板隔断，挂牌，并办理《抽堵盲板作业证》
3	动火点周围有易燃物	（1）清除动火点周围易燃物，动火附近的下水井、地漏、地沟、电缆沟等清除易燃后予封闭。 （2）电缆沟动火，清除沟内易燃气体、液体，必要时将沟两端隔绝
4	泄漏电流（感应电）危害	电焊回路线应搭接在焊件上，不得与其他设备搭接，禁止穿越下水道（井）
5	火星飞溅	（1）高处动火办理《高处作业证》，并采取措施，防止火花飞溅。 （2）注意火星飞溅方向，用水冲淋火星落点
6	气瓶间距不足或放置不当	（1）氧气瓶、溶解乙炔气瓶间距不小于 5m，两者与动火地点之间均不小于 10m。 （2）气瓶不准在烈日下暴晒，溶解乙炔气瓶禁止卧放
7	电、气焊工具有缺陷	动火作业前，应检查电、气焊工具，保证安全可靠，不准带病使用
8	作业过程中，易燃物外泄	动火过程中，遇有跑料、串料和易燃气体，应立即停止动火

序号	动火作业常见风险	处置对策
9	通风不良	(1) 室内动火，应将门窗打开，周围设备应遮盖，密封下水漏斗，清除油污，附近不得有用溶剂等易燃物质的清洗作业。 (2) 采用局部强制通风
10	未定时监测	(1) 取样与动火间隔不得超过 30min，如超过此间隔或动火作业中断时间超过 30min，必须重新取样分析。 (2) 做采样点应有代表性，特殊动火的分析样品应保留至动火结束。 (3) 动火过程中，中断动火时，现场不得留有余火，重新动火前应认真检查现场条件是否有变化，如有变化，不得动火
11	监护不当	(1) 监火人应熟悉现场环境和检查确认安全措施落实到位，具备相关安全知识和应急技能，与岗位保持联系，随时掌握工况变化，并坚守现场。 (2) 监火人随时扑灭飞溅的火花，发现异常立即通知动火人停止作业，联系有关人员采取措施
12	应急设施不足或措施不当	(1) 动火现场备有灭火工具（如蒸汽管、水管、灭火器、砂子、铁锹等）。 (2) 固定泡沫灭火系统进行预启动状态
13	涉及危险作业组合，未落实相应安全措施	若涉及下釜、高处、抽堵盲板、管道设备检修作业等危险作业时，应同时办理相关作业许可证
14	施工条件发生重大变化	若施工条件发生重大变化，应重新办理《动火作业证》

四、事后控制及异常情况处置措施

1. 动火结束后做好安全检查

(1) 焊割后及时彻底清理作业现场，消除遗留火种。

(2) 关闭电源、气源，收好焊割工具设备。

(3) 检查焊割人员工作服有无烧灼痕迹和残留焊渣，防止复燃。

(4) 加强焊割作业现场的事后巡查。

2. 动火中异常情况的处理

(1) 发现隔离措施脱落或破损应设法修补，并暂停作业。

(2) 现场环境变化，附近有易燃物料外溅，或因风向而受到可燃气体吹袭，应立即停止作业。

（3）由于风向变化或风力过大，而使动火所产生的火花无法控制，易被吹向生产现场时，应立即停止作业。

（4）若因某些原因，消防水源中断或突接停水通知，均应暂停作业，排除故障，切不可以抢时间为由勉强草率行事。

（5）如发生紧急事故，按各级应急程序与响应管理程序执行。

第三章 动火作业安全管理

第一节 动火作业安全管理基本要求

一、安全要求

1. 作业前准备

（1）动火作业前，指挥人员、作业人员、监护人员、监督人员等均应落实到位。

（2）现场指挥组织作业人员召开现场作业交底会，明确现场作业的危害因素，落实作业内容、作业要求及安全措施。

（3）根据作业现场环境、风向和风速等，明确动火作业安全监护区域，设置警戒标识。

（4）作业前落实好能源隔离措施，并做好监测。对动火点附近的阴井、地沟等处进行浓度检测，并根据现场具体情况采取相应的安全防火措施。

（5）对作业现场周边火险隐患进行检查，清除区域内可燃、易燃物品，采取必要的防护措施。

（6）对作业基坑等进行检查，作业坑坡度符合要求，便于人员上下，没有崩塌和泥石滑落现象。

（7）检查动火工具、检测仪器，保证工具、仪器处于良好状态，检查现场员工个人防护设备，确保完好备用。

（8）现场用电规范，作业区域内如使用非防爆电器设备须经现场指挥批准并采取有效防护措施。

2. 作业要求

（1）雷、雨、黄色台风预警天气，禁止进行户外动火作业。因生产需要确需动火作业时，应提高动火作业现场指挥、安全监护与监督等级一级,并做好防护措施。

(2)严格执行动火作业制度,遵守"三不动火"规定:动火作业审批未批准不动火;安全措施未落实不动火;安全监护人员未在场不动火。

(3)场站带气管道、设备进行动火作业时,应首先切断燃气来源,加堵盲板,彻底置换、吹扫、通风换气,经检测合格后方可动火。检测取样与动火间隔不得超过 30min,如间隔超过 30min 或动火作业中断,必须重新取样检测。

(4)地下燃气管网动火作业时,公称直径大于 $DN100$ 的中压埋地钢质燃气管道,应采用气袋封堵设备对动火点上下游管道进行封堵;若管道直径及运行压力超出气袋封堵设备操作范围时,应采用其他封堵设备进行封堵;当动火作业现场无法安装封堵设备时,应采用氮气置换等相应的保障手段。

(5)动火作业应严格执行安全操作规程,作业中加强观察,发现存在不安全因素,应立即停止动火作业,采取措施消除不安全因素后方可继续作业。

(6)动火作业完成后,现场指挥责成作业人员彻底清理动火作业现场,确认无安全隐患后方可离开。

二、应急准备

1. 凡经批准的动火作业,应按动火作业方案认真落实安全防火措施,做好必要的应急准备。

2. 支援要求

二级、一级动火作业前,作业单位应将作业情况报供气单位抢修部门,抢修部门应做好抢险应急准备;次高压/高压管道动火作业前,作业单位应将作业情况报外委抢修单位。抢修部门按动火作业方案,做好抢险准备,直至动火作业完毕。

3. 动火作业中一旦发生意外事故,现场指挥应立即组织报警、抢救,并启动应急预案,按预案程序实施处理。

第二节 作业单位及相关人员安全职责

需要强调的是,不论是参与动火作业的作业人员还是管理人员,以及对作业方案进行审查、审批的人员均应受到相应的培训和考核，得到公司的认可。

对作业人员及作业队伍的基本要求：

（1）动焊作业人员必须持有特殊工种作业证。

（2）动火作业小组成员必须为两人（含）以上。

（3）根据动火作业方案，确定作业人员。

（4）次高压/高压管道动火作业单位必须具备相应施工资质。

《化学品生产单位动火作业安全规范》AQ 3022 中规定了动火作业相关单位及人员的职业要求。

1. 动火区域所在单位

向作业单位明确动火施工现场的危险状况，协助作业单位开展危害识别、制定安全措施，并向作业单位提供现场作业安全条件；检查作业现场的安全措施落实情况；审查作业单位动火作业安全工作方案，监督现场动火安全，发现违章作业时有权撤销动火作业许可证。

2. 动火作业单位

负责编制动火作业安全工作方案，制定和批准安全措施和应急预案，按照动火规章制度、作业方案、操作规程落实动火作业的安全措施，负责作业前安全培训，严格按照动火作业许可证和动火作业安全工作方案施工，随时检查作业现场安全状况，发现违章、不具备安全作业条件、异常情况时，有责任及时终止动火作业。

3. 动火作业负责人

（1）负责办理《作业证》并对动火作业负全面责任。

（2）应在动火作业前详细了解作业内容和动火部位及周围情况，参与动火安全措施的制定、落实，向作业人员交代作业任务和防火安全注意事项。

（3）作业完成后，组织检查现场，确认无遗留火种后方可离开现场。

4. 动火作业人

（1）应参与风险危害因素辨识和安全措施的制定。

（2）应逐项确认相关安全措施的落实情况。

（3）应确认动火地点和时间。

（4）不具备安全条件时不得进行动火作业。

（5）应随身携带《作业证》。

5. 动火监护人

（1）负责动火现场的监护与检查，发现异常情况应立即通知动火人停止动火作业，及时联系有关人员采取措施。

（2）应坚守岗位，不准脱岗；在动火期间，不准兼做其他工作。

（3）当发现动火人违章作业时应立即制止。

（4）在动火作业完成后，应会同有关人员清理现场，清除残火，确认无遗留火种后方可离开现场。

（5）特级、一级用火作业监护人应佩戴便携式可燃气体报警仪进行全程监护。

6. 动火部位负责人

（1）对所属生产系统在动火过程中的安全负责。参与制定、负责落实动火安全措施，负责生产与动火作业的衔接。

（2）检查、确认《作业证》审批手续，对手续不完备的《作业证》应及时制止动火作业。

（3）在动火作业中，生产系统如有紧急或异常情况，应立即通知停止动火作业。

7. 动火分析人

动火分析人对动火分析方法和分析结果负责。应根据动火点所在环境的要求，到现场取样分析，在《作业证》上填写取样时间和分析数据并签字。不得用"合格"等字样代替分析数据。

8. 动火作业的审批人

动火作业的审批人是动火作业安全措施落实情况的最终确认人，对自己的批准签字负责。

（1）审查《作业证》的办理是否符合要求。

（2）到现场了解动火部位及周围情况，检查、完善防火安全措施。

第三节　动火作业分级管理

一、动火作业方案审批

动火作业方案由施工单位或作业现场管理单位负责制定。一、二、三级动火作业应填报《动火作业工作许可证》，连同动火作业方案报公司审批后，由申请单位按《工作许可证制度》规定办理动火作业许可证。其中：

1. 一级动火作业由所在单位、施工单位（或工程部门）提前五天提出详细动火作业方案，按程序报运行管理部门协调作业时间，公司技术设备部门、安全管理部门、工程部门、分管安全副总审核后，报公司总经理审批。

2. 二级动火作业需经工程部门负责人、运行管理部门负责人、公司安全管理部门负责人审核后，将《动火作业工作许可证》报公司分管安全副总审批后方可实施。

3. 三级动火作业需经工程部门负责人、运行管理部门负责人审核，最后由公司安全管理部门负责人审批后，方可实施。

4. 在人员相对密集的地点或影响用户较多（300户以上）的停气、降压的二、三级带气、动火作业，需报总经理审批同意，方可实施。

二、动火作业的指挥

动火作业必须有专人负责现场指挥，整个动火作业过程由指挥下达命令，其他任何人无权直接指挥。其中：

1. 一级动火作业必须由公司分管安全的副总经理或总工程师及以上领导指挥；

2. 二级动火作业必须由施工部门负责人或作业场所部门负责人指挥。同时有几个动火点的作业，应设立总指挥，并指定其他懂业务的人员负责每个动火点的具体指挥。

3. 三级动火作业由施工部门或作业场所所在部门副职及以上领导指挥。

第四节　动火作业方案编制

动火作业方案是在动火作业前编制的，用于指导动火作业过程，使作业安全、圆满完成的专项作业方案，是现场勘查及作业审批时重要的参考依据。动火作业方案的编制应由熟知作业流程及作业风险的技术人员配合施工作业单位在施工前根据现场实际情况拟定，确保方案切实可行。

动火作业方案的内容至少应包括：作业概况、现场人员、作业等级、影响范围、作业内容、安全要求、应急处置等内容。

1. 作业概况

作业概况可简要描述动火作业的时间、地点、作业场所、相关单位、动火点部位、带气管道或设备情况、采用的主要安全措施等。

2. 现场人员

现场人员应按照职责分工，列明参与动火作业的相关单位人员，包括现场指挥、技术保障、作业人员、现场监护人员、监督人员、气体检测人员、消防警戒人员等。

3. 作业等级与影响范围

通过分析动火点大小、数量、风险高低、影响范围，确定动火作业等级。作业影响范围的初步确定可指导应急抢修单位或供气保障单位事先做好相应准备，内容包括气源隔离方式、隔离阀门位置、临时停气或降压范围、影响用户数等。

4. 作业内容

作业内容作为动火作业方案的主体，按照作业步骤主要包括：作业前准备、作业阶段及作业后要求。

（1）作业前准备内容包括：作业现场踏勘、作业方案选择、作业操作坑开挖、材料领用、方案审批、作业相关人员通知、作业工机具及设备、材料准备和检查等。

（2）作业阶段方案编制的内容应根据作业类型，结合现场实际情况制定，随作业内容及流程的差异各不相同，以常见的燃气管道接驳作业为例，主要内容可包括：气源隔离、余气放散、压力监控、氮气置换、气体监测、管道接驳、查漏检测及恢复供气等各步骤的详细内容。该部分内容是对作业过程的指导说明，可尽量详尽易懂，使作业人员能够按照方案内容顺利完成动火作业。

动火作业在进行每一个关键步骤前，现场监护及作业指挥必须在《动火现场监督许可表》上签字确认。

5. 安全要求

作业安全要求是根据作业实际情况，按照安全文明施工及动作作业安全管理的各项规范要求，明确各环节的安全措施，尤其是对关键节点的安全控制。

6. 应急处置

分析动火作业可能发生的各类意外情况，针对不同情况制定应急处置措施。

第四章 动火作业过程安全管控

第一节 动火作业的操作程序及要点

动火作业是指在禁火区内进行焊接、切割、加热、打磨以及在易燃易爆场所使用电钻、砂轮等可能产生火焰、火星、火花和赤热表面的临时性作业。控制动火作业行为，应按照一定的操作程序来进行，具体操作程序如下。

1. 新增项目验收

待接入管网或者待投用设备（新增）按照国家、行业、企业相关要求进行验收。

2. 施工方案拟定

由施工单位结合动火点的周边环境和实际情况，编制施工方案，并经施工单位相关技术部门审核。

3. 用火申请

由施工单位向动火点管理单位（部门）提出动火作业申请，并附施工方案。

4. 动火作业实施方案拟定

由动火点管理单位（部门）根据施工方案，按照安全要求编制动火作业实施方案，实施方案应包含以下内容：施工方案、置换（放散）方案、交叉作业原则、监控方案、验收方案、供气方案、岗位分工与职责、注意事项，填写《动火作业许可证》。

5. 动火审批

《动火作业许可证》按照国家、行业、企业相关要求进行逐级审批。

禁火区内动火，应办理动火证的申请、审核和批准手续，明确动火的地点、时间、范围、动火方案、安全措施、现场监护人。没有动火证或动火证手续不全，动火证已过期不准动火；动火证上要求采取的安全措施没有落实之前也不准动火；动火地点或内容更改时应重新办理《动火作业许可证》手续，否则也不准动火。

6. 动火前检查

根据《动火作业许可证》现场分析、落实安全措施、人员培训；工、器具的检查。

7. 置换（放散）作业

根据《动火作业许可证》进行燃气置换或者放散作业，检测可燃气体浓度与安全措施达到要求，允许施工单位、监理单位人员进入动火现场。

在动火作业前，应首先将涉及动火部位燃气管道的阀门关闭，彻底切断燃气来源，然后对动火燃气管段内的燃气进行放散，待管道内的燃气放空后，再使用氮气等惰性气体对作业管段内的燃气进行置换，在置换过程中，检测人员在各检测点应连续 3 次检测氧气、燃气浓度，每次间隔不少于 5min，检测合格后，才能进行动火作业。

8. 现场监护

根据《动火作业许可证》与施工方案全程监控可燃气体浓度与安全措施平稳运行，监督施工单位施工。

动火作业前，应对作业区域或动火点可燃气体浓度进行检测，使用便携式可燃气体报警仪或其他类似手段进行动火分析。动火分析一般不要早于动火前半小时。如果动火中断半小时以上应重做动火分析，分析试样要保留到动火之后，分析数据应作记录，分析人员应在分析化验报告上签字。化工企业动火分析合格的标准如下：

（1）对于可燃气体，当爆炸下限大于或等于 4％时，其检测浓度应不大于 0.5％（体积分数）为合格；当爆炸下限小于 4％时，其被测浓度应不大于 0.2％（体积分数）为合格。

（2）氧含量为 18％～21％。在富氧环境下，不应大于 23.5％。

（3）动火部位存在有毒有害介质的，应对其浓度进行监测分析。浓度超过《工作场所有害因素职业接触限值　第 1 部分：化学有害因素》GBZ2.1 规定的，应采取相应的安全措施，并在《动火安全作业证》中"其他安全措施"一栏注明。

（4）动火作业现场应做好现场换气（排风），保障排风设备状态良好，以便使泄漏的气体能顺畅排走。

9. 现场验收

由监理单位人员组织各方人员对动火部位进行现场验收。

10. 供气

由动火点管理单位（部门）根据《动火作业许可证》对动火部位恢复供气和新增管道（设备）进行供气。

11. 动火结束

由动火点管理单位（部门）清理现场，确保各项工作已经完满安全结束。

第二节　动火作业安全管控要点

1. 动火作业前后的安全管理

（1）实施作业许可（作业票）管理制度。对动火作业实施作业许可（作业票）管理，已为众多石油、天然气和化工企业所广泛采纳。实施作业许可（作业票）管理，可以避免人员在不具备动火作业条件的情况下擅自作业，保证所有的动火作业都按照《动火作业许可证》（动火票）上所列的安全措施进行了检查、确认并落实，使火灾爆炸的风险得到很好的控制。以往动火作业火灾爆炸事故几乎都是因为对《动火作业许可证》（动火票）制度执行不严。《动火作业许可证》（作业票）管理制度是一项公认的有效的现场安全管理制度，建议尚没有建立《动火作业许可证》（作业票）管理制度的企业，学习并采纳这项管理制度，通过许可的方式，对动火作业等高风险作业实施控制。动火作业必须办理《动火安全作业证》。进入设备内、高处等进行动火作业，应执行设备内与高处作业的规定。

（2）应急安排。由于动火作业风险比较高，一旦发生火灾或爆炸后果都比较严重，因此，在进行动火作业时都要做出火灾应急安排，以确保在发生火灾时能够在第一时间将初期火灾扑灭。目前高标准的动火作业应急安排包括在整个作业过程中由专人负责"看火"，现场配备手提式灭火器和消防水带等。在安排动火作业应急准备工作时要特别注意的是，在作业前要对消防设备进行检查或者测试，以确保消防设备处于良好的状态，另外，要确保应急人员具备良好的应急技能。

（3）动火作业前应检查电焊机、气瓶（减压阀、胶管、割炬等）、砂轮、修整工具、电缆线、切割机等器具，确保其在完好状态下，电线无破损、漏电、卡压、乱拽等不安全因素，电焊机的地线应直接搭接在焊件上，不可乱搭乱接，以防接触不良、发热、打火引发火灾或漏电致人伤亡，不准一个接线处同时接多部电焊机。

（4）动火作业完毕，应清理现场，确认无残留火种后方可离开。

2. 《动火作业许可证》的管理

（1）《动火作业许可证》由申请动火单位的相关动火负责人办理。办证人应按《动火作业许可证》的项目逐项填写，不得空项，然后根据动火等级，按规定的审批权限办理审批手续，安全措施一栏由安全员签字。各级审批人员必须到现场检查动火作业安全措施落实情况，确认安全措施可靠并向动火人和监火人交代安全注意事项后，方可批准开始作业。

（2）一份《动火作业许可证》只准在一个动火点使用，动火前，由动火人在《动火作业许可证》上签字。如果在同一动火点多人同时动火作业，可使用一份《动火作业许可证》，但参加动火作业的所有动火人应分别在《动火作业许可证》上签字，如果由同一伙人分别在多处进行逐项作业，可办理一份动火证，规定数量不超过三处，每处必须由安全员进行措施落实。

（3）在动火作业过程中，若涉及进入受限空间、盲板抽堵、高处作业、吊装、临时用电、动土、断路中的两种或两种以上特殊作业时，除执行动火的作业要求外，还应同时办理相应的审批手续。

（4）《动火作业许可证》不准转让、涂改，不准异地使用或扩大使用范围，更不准代签，一律使用碳素笔填写，并做好备档。

（5）《动火作业许可证》一式两份，动火人持一份，另一份由所办单位存档，保存期限至少为 1 年。

（6）作业内容变更、作业范围扩大、作业地点转移，以及作业条件、作业环境条件或工艺条件发生改变时动火许可证超过有效期限，应重新办理《动火作业许可证》。

（7）动火作业安全措施要认真填写，不能敷衍了事，对安全措施没有涉及的应在"补充安全措施"一栏填写。

（8）《动火作业许可证》根据动火作业的类别不同有所差别，如表 4-1 和表 4-2 所示。

（9）对于重大项目，按规定需报公司高管、职能部门审批的动火项目，按表 4-3《带气、动火作业申请书》要求办理审批手续后，由作业单位或作业区域管理单位负责人签发。

动火作业许可证（一）   表 4-1

许可证编号：   申请时间：   年   月   日

动火资料		
动火地点： 动火单位：		动火开始日期及时间：
动火方式：		动火完成日期及时间：
动火执行人姓名：	资质证编号：	动火监护人：
1.		
2.		动火负责人：
3.		
动火作业之危险（可能产生的危害因素清单，参照风险评估报告）： □爆炸　□火灾　□灼伤　□烫伤　□机械伤害　□中毒　□辐射　□触电　　□泄漏　□窒息 □坠落　□落物　□掩埋　□噪声 其他：		
动火等级		动火等级核定人（签字）： （由动火点管理单位安全员或安全管理部门负责人核定）

已执行以下适用的安全措施：

紧急程序已解释给予所有参与此工作的人士？	是□　否□　不适用□	
已通知受影响的部门、客户及相关人士？	是□　否□　不适用□	
已测试通信及求救器具？	是□　否□　不适用□	
可导致危险发生的机器已有效地关掉？	是□　否□　不适用□	
需动火的设备是否已采取有效地隔离？	是□　否□　不适用□	
需动火的设备是否已经清洗置换？不存在可燃的气体、液体和尘粒等？	是□　否□　不适用□	
已提供了足够的个人劳动保护用品？	是□　否□　不适用□	
现场配备足够的消防器材？	是□　否□　不适用□	
易燃品离动火现场 8m 以上？	是□　否□　不适用□	
切割、焊接设备经检验及状态良好？	是□　否□　不适用□	
天气状况是否良好或已采取应对措施？	是□　否□　不适用□	
8m 范围内地板与墙壁的开口已盖住或采取措施防止火花飞落？	是□　否□　不适用□	
烟雾探测系统已经隔离？	是□　否□　不适用□	
其他安全预防措施：		
是否需要气体测试？	是□　否□　不适用□	

续表

空气监测		测试日期及时间		
测试	可接受浓度			
氧气	19.5%～22.5%			
易燃气体	低过 20%LEL			
其他				

测试仪器：　　　　　　　　　　　测试人姓名：

此空间的空气情况属　　□　安全　　□　不安全。

我已完全明白动火作业许可证的要求，并确保所有适用的安全措施都已100%符合

动火执行人（签字）：　　　　　　动火负责人（签字）：
　　　　　　　　日期：　　　　　　　　　　　　　日期：

在实施动火作业时所须注意的其他安全措施及特殊情况：
【需注明作业过程中气体测试要求（位置、频次等）】

签发（根据动火等级，由对应级别的审批人签发）：
工作人员可进行动火作业的时限从 _____
至_____。
　　签名：　　　　　　　　　　日期/时间：
签收（由动火负责人）
我和/或我的属下同事在地点开展上述动火作业时，必定会遵守这许可证内所述的安全措施及规定。
　　签名：　　　　　　　　　　日期/时间：

监护（由动火监护人）
□　动火现场已采取许可证内所述的安全措施。
　　签名：　　　　　时间：
□　动火现场未按采取许可证内所述的安全措施，应改进后方可继续作业。
　　签名：　　　　　时间：
□　由于出现异常情况，已要求停止本次动火作业地点。
　　签名：　　　　　时间：
□　动火现场其他监护记录：
　　签名：　　　　　时间：
撤离（由动火负责人）
□　由于出现异常情况，我属下所有同事已撤离上述之动火作业地点。
□　我属下所有同事已撤离上述之动火作业地点，工作地点及附近范围已经检查，并无火警危险。
　　签名：　　　　　　　　　　日期/时间：
注销/更新（由动火监护人）
□　这许可证已被取消，工作地点及附近范围已经检查，并无火警危险。
□　这许可证已被取消，以上提及的动火作业地点已不再安全。
□　此工序在指定时间内未能完成，应办理新的工作许可证或申请延期。
　　签名：　　　　　　　　　　日期/时间：
　　备注：

说明：1. 本许可证适应于一、二、三类动火作业。
　　　2. 属于四类动火作业非焊接、切割、带气动火作业的，如：防爆区域内割草、使用非防爆电子产品、临时用电等可按动火作业许可证（二）格式办理。

动火作业许可证（二）　　　　　　　　　　　　　　表 4-2

许可证编号：　　　　　　　　　　　　　　　申请时间：　　　年　　月　　日

动火时间	年　月　日　时　分起至　月　日　时　分止			
动火地点				
动火作业内容				
动火前应完成的安全措施				
动火项目负责人		动火执行人		
当班班长		监护人		
取样（监测）时间	动火分析（便携式可燃气体报警器）取样（检测）地点	分析（监测）结果		分析（监控）人
安全技术科意见		运行部领导意见		
备注				

说明：1. 本许可证适应于属于四类动火作业非焊接、切割、带气动火作业的，如：防爆区域内割草、使用非防爆电子产品、用电等。

　　　2. 一、二、三类动火作业按表 4-1 动火作业许可证（一）格式办理。

带气、动火作业申请书　　　　　　　　　　　　　表 4-3

申请带气、动火单位			
带气、动火具体时间	月　日　时　分至　日　时　分		
带气、动火具体地点			
带气、动火具体项目	（附图）		
带气、动火单位负责人		现场监护人	
带气、动火作业人员		申报日期	
带气动火安全措施			
申请单位（意见）	负责人签名：		日期：
有关职能部门审核意见	分管副总审核意见		公司总经理签批
签名： 日期：	签名： 日期：		签名： 日期：

说明：1. 本表需用公司领导或职能部门审批的动火作业项目申请，本表经有关人员签字批准后由申请单位办理动火作业许可证，许可证由申请单位负责人签发。

　　　2. 对于属于运行部批准权限的动火作业可直接办理动火作业许可证。

第五章　动火作业安全防护设备

第一节　气体检测设备

常用的气体检测设备主要有两种：便携式气体检测仪和气体检测管装置，如图 5-1、图 5-2。

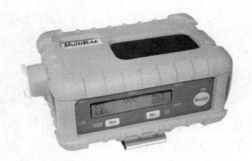

图 5-1　便携式气体检测报警仪

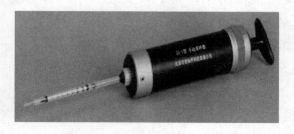

图 5-2　气体检测管装置

一、便携式气体检测报警仪

1. 定义

能连续实时地显示被测气体的浓度，达到设定报警值时可实时报警的仪器。主要用于检测动火作业中氧、可燃气体、硫化氢、一氧化碳等气体浓度。

2. 工作原理

便携式气体检测报警仪的工作原理是被测气体以扩散或泵吸的方式进入检测报警仪内，与传感器接触后发生物理、化学反应，并将产生的电压、电流、温度等信号转化成与其有确定对应关系的电量输出。经放大、转化、处理后显示所测气体的浓度。当浓度达到预设报警值时，仪器自动发出声光报警。如图 5-3 所示。

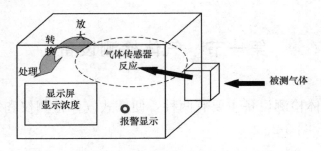

图 5-3　便携式气体检测报警仪工作原理示意图

3. 分类

（1）按检测气体种类分类

1）可燃气体检测报警仪：检测硫化氢、一氧化碳、甲烷。

2）有毒气体检测报警仪：检测硫化氢、一氧化碳、苯。

3）氧气检测报警仪。

（2）按仪器上设置的传感器数量分类

1）单一式检测报警仪：仪器上只安装一个气体传感器，比如可燃气体检测报警仪、硫化氢检测报警仪等。

2）复合式检测报警仪：将多种气体传感器安装在一台检测仪器上，比如四合一、五合一气体检测报警仪。

（3）按获得气体样品的方式分类

1）扩散式检测报警仪：通过有毒有害气体的自然扩散，使气体成分到达检测仪上而达到检测目的的仪器。

2）泵吸式检测报警仪：通过使用外置吸气泵或者一体化吸气泵，将待测气体引入检测仪器中进行检测的仪器。

4. 选用原则

（1）复合式与单一式的选择

复合式气体检测报警仪自身集成了多种传感器，可实现"一机多测"的功能，因此广泛应用在动火作业气体检测领域，是目前使用最多的一种检测器。

单一式气体检测报警仪一般与其他单一式气体检测报警仪或二合一、三合一等传感器数量少的复合式气体检测报警仪配合使用，如硫化氢检测报警仪与氧气/可燃气体检测报警仪配合使用对污水井、燃气井进行检测。

（2）泵吸式与扩散式的选择

泵吸式气体检测报警仪是在仪器内安装或外置采气泵，通过采气导管将远距离的气体"吸入"检测仪器中进行检测的仪器，其优点是能够使检测人员在动火作业外进行检测，最大程度保证其生命安全。使用中要注意采样泵的抽力和流量以及采气导管随长度增加而带来的吸附问题。

扩散式检测报警仪主要依靠自然空气对流将气体样品带入检测报警仪中与传感器接触反应。能够真实反映环境中气体的自然存在状态，但无法进行远距离采样。通常情况下适合作业人员随身携带进入动火作业，将其固定在呼吸带附近，对作业人员加以保护。

5. 操作方法

（1）检测前检查

1）长时间按住"开关键"，打开仪器。

2）自检。自检的过程主要是稳定传感器和调用一些设置程序。

3）检查是否有电。注意不能在易燃易爆环境中进行电池更换。

4）校准。在相对"清洁"的环境下开机。对便携式气体检测报警仪，观察显示屏的数值是否为"0"或"20.9％"。

5）测试。根据操作手册的提示，使用标准气体进行测试。如果读数在标气浓度的10％上下，则说明这台仪器是准确的，否则应重新进行标定或更换检测器。

（2）现场检测

使用泵吸式气体检测报警仪，将采气导管一端与仪器进气口相连，另一端投入到动火作业内，使气体通过采气导管进入到仪器中进行检测。

使用扩散式气体检测报警仪，被测气体直接通过自然扩散方式进入到仪器中进行检测。

被测气体与传感器接触发生相应的反应，产生电信号，并转换成为数字信号显示。检测人员读取数值并进行记录。当气体浓度超过设定的报警值时，蜂鸣器会同时发出声光报警信号。

（3）关机

检测结束后，关闭仪器。需要注意的是，气体检测报警仪在关闭前要保证检测仪器内的气体全部反应掉，读数重新显示为"0"或"20.9％"时，才可关闭，否则会对下次使用产生影响。

每个厂家的气体检测仪器都有着不同的操作菜单和设置参数的过程，在实际操作中，应认真阅读仪器的操作技术手册，根据要求熟练掌握仪器的使用。

6. 注意事项

（1）定期检定

按照国家对检测器的计量标准，如《硫化氢气体检测仪检定规程》JJG 695、《可燃气体检测报警器》JJG 693 等，至少每年将仪器送至专业的检测检验机构检定一次。

（2）各种不同传感器间的检测干扰

某些气体的存在或气体浓度的高低对传感器的正常工作会产生影响。例如，氧气含量不足对用催化燃烧传感器测量可燃气浓度会有很大的影响。因此，在测量可燃气的时候，一定要测量伴随的氧气含量。

（3）各类传感器的寿命

催化燃烧式可燃气体传感器的寿命，一般可以使用 3 年左右。红外和光离子化检测仪的寿命为 3 年或更长一些。电化学特定气体传感器的寿命相对短一些，一般在 1~2 年。氧气传感器的寿命最短，大概在 1 年左右。

（4）检测仪的浓度检测范围

检测仪器要在测量范围内使用，测量范围之外的检测，其准确度是无法保证的。而若长时间在测定范围以外进行检测，还可能对传感器造成永久性的破坏。常用的气体检测范围如表 5-1 所示。

常见气体传感器的检测范围、分辨率、最高承受限度　　　　表 5-1

传感器	检测范围（mg/m³）	分辨率	最高浓度（mg/m³）
一氧化碳	0~625	1.250	1875
硫化氢	0~152	1.518	759
二氧化硫	0~57	0.286	429
一氧化氮	0~335	1.339	1339
氨气	0~50	0.804	200

二、气体检测管装置

1. 组成

气体检测管装置由以下几部分组成。

（1）检测管。

（2）采样器。

（3）预处理管。

（4）附件。

2. 工作原理

气体检测管装置主要依靠气体检测管变色进行检测。

原理如图 5-4 所示。气体检测管内填充有吸附了显色化学试剂的指示粉。当被测空气通过检测管时，有害物质与指示粉迅速发生化学反应，被测物质浓度的高低，将导致指示粉产生相应的颜色变化。根据指示粉颜色变化从而对有害物质进行快速的定性和定量分析。

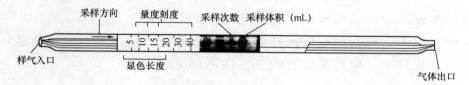

图 5-4　气体检测管工作原理示意图

3. 检测管的分类

（1）比长式气体检测管：根据指示粉变色部分的长度确定被测组分的浓度值。

（2）比色式气体检测管：根据指示粉的变色色阶确定被测组分的浓度值。

（3）比容式气体检测管：根据产生一定变色长度或变色色阶的采样体积确定被测组分的浓度值。

（4）短时间型气体检测管：用于测定被测组分的瞬时浓度。

（5）长时间型气体检测管：用于测定被测组分的时间加权平均浓度。

（6）扩散型气体检测管：利用气体扩散原理采集样品的气体检测管装置。该类型装置不使用采样器。

4. 采样器的分类

（1）采样器是与检测管配套使用的手动或自动采样装置。其可分为以下几种：

（2）真空式采样器：采样器用真空气体原理，使气体首先通过检测管后再被吸入采样器中。

（3）注入式采样器：采样器采用活塞压气原理，将先吸入采样器内的气体压入检测管。

（4）囊式采样器：采样管采用压缩气囊原理，压缩具有弹性的气囊达到压缩状态后，通过气囊恢复过程，使气体通过检测管再被吸入采样器中。

5. 注意事项

（1）检测管和采样器连接时，注意检测管上箭头指示方向。

（2）作业现场存在有干扰气体时，应使用相应的预处理管。

（3）检测管在 10～30℃ 使用，测定值一般不需要修正。当现场温度超过规定温度范围时，应用温度校正表对测量值进行校准。

（4）对于双刻度检测管应注意刻度值的正确读法。

（5）使用检测管时要检查有效期。

（6）检测管应与相应的采样器配套使用。

（7）采样前，应对采样器的气密性进行试验。

第二节　人身安全防护用品

主要包括安全帽、防护服、防护手套、防护鞋（靴）、防护眼镜等。在进行动火作业时应根据具体的作业环境进行选择和佩戴。

一、安全帽

安全帽是防冲击时主要使用的防护用品，主要用来避免或减轻在作业场所发生的高空坠落物、飞溅物体等意外撞击对作业人员头部造成的伤害。其具体形式如图 5-5 所示。

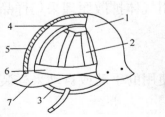

图 5-5　安全帽

1—帽体；2—帽衬分散条；3—系带；4—帽衬顶带；

5—吸收冲击内衬；6—帽衬环形带；7—帽沿

注意事项：

1. 应使用质检部门检验合格的产品。

2. 根据安全帽的性能、尺寸、使用环境等条件，选择适宜的品种。

3. 佩戴前，应检查安全帽各配件有无破损，装配是否牢固，帽衬调节部分是否卡紧、插口是否牢靠、绳带是否系紧等。

4. 安全帽用冷水清洗，不可放在暖气片上烘烤，不应储存在有酸碱、高温（50℃以上）、阳光、潮湿等处，避免重物挤压或尖物碰刺。

5. 安全帽不可作他用，如承载重物，作临时座椅等。

二、防护服

1. 防护服的类别如表 5-2 所示。

<table>
<tr><td colspan="4" align="center">防护服的类别　　　　　　　　　　　　　　　　　表 5-2</td></tr>
<tr><td colspan="2">作业类别</td><td rowspan="2">可以使用的防护用品</td><td rowspan="2">建议使用的防护用品</td></tr>
<tr><td>编号</td><td>环境类型</td></tr>
<tr><td>1</td><td>存在易燃易爆气体、蒸气或可燃性粉尘</td><td>化学品防护服
阻燃防护服
防静电服
棉布工作服</td><td>防尘服
阻燃防护服</td></tr>
<tr><td>2</td><td>存在有毒气体/蒸气</td><td>化学防护服</td><td></td></tr>
<tr><td>3</td><td>存在一般污物</td><td>一般防护服
化学品防护服</td><td>防油服</td></tr>
<tr><td>4</td><td>存在腐蚀性物质</td><td>防酸（碱）服</td><td></td></tr>
<tr><td>5</td><td>涉水</td><td>防水服</td><td></td></tr>
</table>

其中，化学防护服及防水服的具体形式如图 5-6、图 5-7 所示。

图 5-6　化学防护服图

图 5-7　防水服

2. 注意事项

（1）必须选用符合国家标准，并具有《产品合格证》的防护服。

（2）穿用防护服时应避免接触锐器，防止受到机械损伤。

（3）使用后，严格按照产品使用与维护说明书的要求进行维护，修理后的防护服应满足相关标准的技术性能要求。

（4）根据防护服的材料特性，清洗后应选择晾干，尽量避免暴晒。

（5）存放时要远离热源，通风干燥。

三、防护手套

动火作业常使用的是耐酸碱手套、绝缘手套及防静电手套。如图 5-8～图 5-10 所示。

图 5-8　耐酸碱手套图　　　图 5-9　绝缘手套　　　图 5-10　防静电手套

四、防护鞋

动火作业中应根据作业环境需要进行选择，如在存在酸、碱腐蚀性物质的环境中作业需穿着耐酸碱的胶靴，如图 5-11 所示；在有易燃易爆气体的环境中作业需穿着防静电鞋等，如图 5-12 所示。

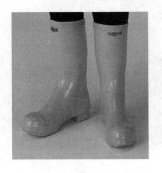 

图 5-11　耐酸碱胶靴　　　　　图 5-12　防静电鞋

注意事项：

（1）使用前要检查防护鞋是否完好，自行检查鞋底、鞋帮处有无开裂，出现破损后不得再使用。对于绝缘鞋应检查电绝缘性，不符合规定的不能使用。

（2）对非化学防护鞋，在使用中应避免接触到腐蚀性化学物质，一旦接触后应及时清除。

（3）防护鞋应定期进行更换。

（4）防护鞋使用后清洁干净，放置于通风干燥处，避免阳光直射、雨淋及受潮，不得与酸、碱、油及腐蚀性物品存放在一起。

五、防护眼镜

动火作业进行冲刷和修补、切割等作业时，沙粒或金属碎屑等异物进入眼内或冲击面部，焊接作业时的焊接弧光，可能引起眼部的伤害；清洗反应釜等作业时，其中的酸碱液体、腐蚀性烟雾进入眼中或冲击到面部皮肤，可能引起角膜或面部皮肤的烧伤。为防止有毒刺激性气体、化学性液体对眼睛的伤害，需佩戴封闭性护目镜或安全防护面罩。如图 5-13、图 1-14 所示。

图 5-13　护目镜　　　　　　　　图 5-14　防护面罩

六、隔热服

隔热服又称为阻燃防护服，是指极限氧指数（LOD）大于 25％的服装，在直接接触火焰及炙热的物体或与瞬间高强热辐射时，这种服装能够减缓火焰的蔓延，使衣物碳化形成隔离层而保护人体安全。阻燃防护服通常由天然阻燃纤维，添加型改性阻燃纤维或经暂时性、半耐久型阻燃剂整理的织物构成，如图 5-15。

隔热服是消防员及高温作业人员近火作业时穿着的防护服装，其具有

图 5-15　隔热服

防火、隔热，耐磨、耐折、阻燃、反辐射热等特性，反辐射热温度高达 1000℃。分为分体式普通式、分体可背呼吸器式两种。包括上衣、裤子、手套、头罩和护脚。

（1）型号含义

隔热服的产品型号编制方法如下：R　GF　－ X1 X2　X3

其中：R 代表个人装备；GF 代表隔热防护服；X1 代表是连体或分体，其中若为 F 则表示：分体式，若为 L 则表示：连体式；X2 代表主要参数：型号（阿拉伯数字）；X3 代表企业改进型代号如：A、B 等。

（2）注意事项

1）隔热服是一种短时间穿越火区或短时间进入火焰区进行救人、抢救贵重物资、关闭可燃气体阀门等危险场所穿着的防护服装。在进行消防作业时，如果在较长时间情况下，必须用水枪、水炮保护，不管多好的避火材料长时间在火焰中也会烧坏。

2）隔热服在使用之前必须认证检查是否完好有无破损的地方。

3）隔热服严禁在有化学和放射性伤害的场所使用。

4）隔热服必须配戴空气呼吸器及通信器材，以保证在高温状态下使用人员的正常呼吸，以及与指挥人员的联系。

5）服装在使用后表面烟垢、熏迹可用棉纱擦净，其他污垢可用软毛刷蘸中性洗涤剂刷洗，并用清水冲净，严禁隔热服用水浸泡或捶击，冲净后悬挂在通风处，自然干燥，以备使用。

6）隔热服应贮存在干燥通风、无化学污染处，并经常检查，以防霉变。

7）隔热服须经国家消防装配质量监督检验中心检验合格，获得国家船检局检验认可的船用产品证书。

第三节　防坠落器具

动火作业中常涉及高处作业，为防止作业人员在作业过程中发生坠落事故，配备防坠落用具是十分必要的。

防坠落用具的主要组成部分包括：安全带、安全绳、自锁器、缓冲器、三脚架等。

一、安全带

全身式安全带如图 5-16 所示。

安全带的使用和注意事项：

（1）在采购和使用安全带时，应检查安全带的部件是否完整，有无损伤，金属配件的各种环不得是焊接件，边缘光滑。

（2）使用围杆安全带时，围杆绳上有保护套，不允许在地面上随意拖着绳走，以免损伤绳套影响主绳。

（3）悬挂安全带应高挂低用，不得低挂高用，这是因为低挂高用在坠落时受到的冲击力大，对人体伤害也大。

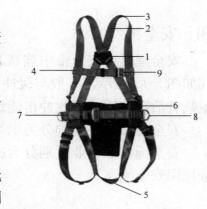

图 5-16　全身式安全带解析

1—背部 D 形环；2—D 形环延长带；
3—肩部 D 形环；4—胸带；5—腿带；
6—软垫；7—腰带；8—侧面 D 形环；
9—胸部 D 形环；

（4）架子工单腰带使用短绳较安全，如需要长绳，应选用双背带型安全带。

（5）使用安全绳时，不允许打结，以免发生坠落受冲击时绳从打结处切断。

（6）当单独使用 3m 以上长绳时，应考虑补充措施，如在绳上加缓冲器、自锁钩或速差式自控器等。

（7）缓冲器、自锁钩和速差式自控器可以单独使用，也可联合使用。

（8）安全带在使用两年后应抽验一次，频繁使用应经常进行外观检查，发现异常必须立即更换。定期或抽样试验用过的安全带，不准再继续使用。

图 5-17　自锁器

二、自锁器

由坠落动作引发制动作用的部件。又称导向式防坠器、抓绳器等。其具体形式如图 5-17 所示。

自锁器可依据使用者速度随着使用者向上移动，一旦发生坠落可瞬时锁止，最大限度降低坠落给人体带来的冲击力。

三、速差式自控器

安装在挂点上，装有可伸缩长度的绳（带、钢丝绳），坠落发生时因速度变化引发制动作用的产品。又称速差器、收放式防坠器等。其具体形式如图5-18所示。

图5-18　速差式自控器

四、安全绳

安全绳是在安全带中连接系带与挂点的绳。其具体形式如图5-19所示。一般与缓冲器配合使用，起扩大或限制佩戴者活动范围、吸收冲击能量的作用。

安全绳按材料类别分为织带式、纤维绳式、钢丝绳式和链式。

安全绳按照作业类别分为围杆作业安全绳、区域限制用安全绳、坠落悬挂用安全绳。

五、缓冲器

缓冲器是串联在系带和挂点之间，发生坠落时吸收部分冲击能量、降低冲击力的零部件。其具体形式如图5-20所示。

图5-19　安全绳　　　　　　图5-20　缓冲器

六、连接器

连接器是指可以将两种或两种以上元件连接在一起，具有常闭活门的环状零件。其具体形式如图5-21所示。一般用于组装系统或用于将系统与挂点相连。

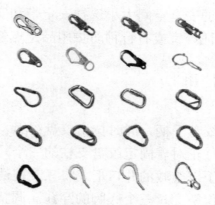

图 5-21 连接器

七、三脚架

三脚架主要应用于需要防坠或提升的装置，但没有可靠挂点的动火作业（如地下井），作为临时设置的挂点。与绞盘、安全绳、安全带配合使用。其具体形式如图 5-22 所示。

图 5-22 三脚架

八、防坠落设备的选择

1. 安全带外观无技术缺陷、标记齐全。
2. 坠落防护器具尺寸适合使用者身材。
3. 产品拥有质量保证书或检验检测报告，且证书和报告均有效。
4. 所选器具应适应工作环境要求。

5. 视使用者下方的安全空间大小选择安全带和安全绳长度。

6. 在有生产许可证厂家或有特种防护用品定点经营证的商店购买。

九、防坠落用具的使用

1. 三脚架的使用

（1）逆时针摇动绞盘手柄，同时拉出绞盘绞绳，并将绞绳上的定滑轮挂于架头上的吊耳上（正对着固定绞盘支柱的一个）。

（2）移动三脚架至需施救的井口上。将三支柱适当分开角度，令底脚防滑平面着地，用定位链穿过三个底脚的穿孔。调整长度适当后，拉紧并将其相互勾挂在一起，防止三支柱向外滑移。必要时，可用钢钎穿过底脚插孔，砸入地下定位底脚。

2. 设置挂点

（1）挂点至少应承受 22kN（大约 2t）的力。

挂点的位置应尽量在作业点的正上方，如果不行，最大摆动幅度不应大于 45°，且应确保在摆动情况下不会碰到侧面的障碍物，以免造成伤害。

（2）挂点的高度应能避免作业人员坠落后触及其他障碍物，以免造成二次伤害；如使用的是水平柔性导轨，则在确定安全空间的大小时应充分考虑发生坠落时导轨的变形。

第四节　呼　吸　设　备

正压式空气呼吸器、送风式长管呼吸器广泛应用于消防、化工、船舶、石油、冶炼、仓库、试验室、矿山等部门，供消防员或抢险救护人员在浓烟、毒气、蒸气或缺氧等各种环境下安全有效地进行灭火，抢险救灾和救护工作。

一、正压式空气呼吸器（图 5-23）

正压式空气呼吸器适用于有毒有害介质浓度大或缺氧的作业环境。一个 6.8L 气瓶，如果气瓶内储存的压缩空气的压力为 30MPa（300bar），那么相当于常压下的 300×6.8＝2040L 空气，按照中等强度劳动消耗空气 40L/min 计算，使用时间约为：可呼气的空气量（升）×安全系数÷

耗氧量（升/分钟）＝2040×0.9÷40＝46min。

1. 基本构成

正压式空气呼吸器主要由储气瓶、背架以及背架上的供气系统三部分组成。储气瓶包括气瓶和气瓶阀两个部分。背架包括背带和腰带两个部分。供气系统包括面罩、呼吸阀、减压阀、压力表、中压导管、高压导管、报警器等部件构成。

图 5-23　正压式空气呼吸器

1—面罩；2—供气阀；3—减压阀；
4—报警阀；5—压力表；6—高压管；
7—中压管；8—快速接头；9—气瓶阀；
10—气瓶；11—背架；12—瓶托

2. 使用方法

（1）使用前检查、准备

1）面罩气密性检查：检查面罩的镜片、系带、环装密封圈、呼气阀、吸气阀、供气阀应完好。佩戴好面罩，系好带，吸气，应呼吸畅通；用手堵住进气孔，深呼吸，如没有空气进入，则此面罩气密性较好，可以使用。

2）供气阀检查：供气阀的动作应灵活，环装密封圈应完好，与中压导管的连接应牢固。

3）背架检查：背架应完好无损，肩带、腰带缝合线无断裂。

4）空气呼吸器组装：先将气瓶与减压阀紧密连接，再将气瓶牢固地固定在背架上。

5）气瓶压力检查：打开气瓶阀，关闭供气阀，观察压力表读数，气瓶压力应不小于 2.5MPa（25bar），如果气瓶内压力低于 2.5MPa（25bar），则应补充空气［压力范围在 25～30MPa（250～300bar）］。

6）供气系统的气密性检查：关闭气瓶阀，观察压力表 1min，压力表指针下降小于 1MPa（10bar）为合格［气密性合格的标准：1min 内压力下降不得大于 1MPa（10bar）］。

7）报警器工作情况检查：将气瓶阀关闭，略微打开供气阀，将系统中的气体慢慢放出，当压力下降到压力表的报警红线 5.5±0.5MPa（55±5bar）时，报警器开始声响报警。全开面罩供气阀，泄气完毕后，关闭面罩供气阀。

8）面罩与供气阀的匹配情况检查：将供气阀拧入面罩，听到咔哒声则为连接好，打开气瓶阀，关闭供气阀，佩戴好面罩吸气，供气阀应自动开启，屏气或呼气时供气阀停止供气，无"丝丝"的响声。

（2）空气呼吸器的使用

1）穿戴：调节肩带、腰带，使装置的重量均匀分布在肩部和臀部。

2）佩戴面罩：将颈带套在颈上，将下颚抵住面罩底部，带上面罩，由上到下拉紧面罩的系带，使面罩和额头、面部、下颚贴合紧密。此时深吸一口气，供气阀自动打开。

3）使用：在空气呼吸器的使用过程中，应密切关注压力表压力显示，如果报警器开始报警（按中等强度劳动消耗空气 40L/min 计算，可使用 6min），应立即撤退至安全区域。

（3）脱卸呼吸器：

1）首先按照从下到上的顺序松开面罩的系带，取下面罩，同时关闭供气阀。

2）松开腰带、肩带，卸下空气呼吸器

3）关闭气瓶阀，打开供气阀，将中压导管内的残余气体放净。

4）检查呼吸器各部件是否完好、齐全，清洗面罩，妥善储存，补充气瓶气体。

图 5-24　送风式长管呼吸器

二、送风式长管呼吸器（图 5-24）

送风式长管呼吸器利用小型送风机将符合大气质量标准的新鲜空气经无毒无味的长管供给使用者，属于作业型呼吸保护装具，适用于长时间在缺氧有毒环境使用，更适合于在狭窄的工作区域，如坑道、管道、深井等需长时间作业的场所内使用。在使用长管呼吸器时，操作人员不需要身背气瓶，大大减轻了操作人员的工作负担，增强了身体的灵活性。

1. 基本构成

送风式长管呼吸器主要由全面罩、气流调节阀、腰带、20m 导气软管、送风机组成。

2. 工作原理

风机接通 220V 交流电源，启动鼓风机。空气由吸气口经滤尘器，流量调节器，波纹软管，进入面罩供人体呼吸。面罩上有呼气阀和吸气阀，吸气时呼气阀关闭吸气阀开启，呼气时吸气阀关闭呼气阀开启。人体呼出的气体通过面罩上的呼气阀直接排到大气环境。使用时可以根据佩戴人员的呼吸量调节流量阀。

3. 使用方法

（1）使用前要检查各部件是否完好干净；波纹软管是否有龟裂、气泡、压扁、弯折、漏气现象；各连接部位是否牢固紧密。

（2）将插入面罩一端的适当长度软管先穿入安全腰带上的带扣中，收紧腰带，使长管固定于腰带上，防止拖拽时影响面罩的佩带。

（3）检查整机的气密性；用手封住插入送风机一端的接头吸气，感觉憋气说明面罩的气密性良好。然后插入送风机软管插座，同时开启送风机，将新鲜空气输入面罩供使用者呼吸。

（4）产品使用时，要将风机放在无毒气、清洁、干燥、通风良好的大气环境中，送风机使用前应实现可靠接地；波纹软管不能受到挤压，否则会影响输气效果，增大吸气阻力。

（5）每次使用后应将面罩、通气管及其附件擦拭干净，并将长管盘起放入储存箱内。储存场所环境保持干燥、通风、避热。面罩镜片不可与有机溶剂接触，以免损坏。另外应尽量避免碰撞与摩擦，以免刮伤镜片表面。

第五节　其他防护设备

一、轴流风机（图 5-25）

轴流风机，就是与风叶的轴同方向的气流，如电风扇，空调外机风扇就是轴流方式运行风机。之所以称为"轴流式"，是因为气体平行于风机轴流动。轴流式风机通常用在流量要求较高而压力要求较低的场合。

SFT 系列手提式安全轴流风机结构设计牢固可靠，持久耐用，其绝缘性能

图 5-25　轴流风机

高，移动灵活方便，能适应高温，高压及有噪声的场用 BSFT 手提式防爆轴流风机，防爆标志为 Exd II BT4．用于 IIA 类、IIB 类温度组别为 T1～T4 组的可燃气体与空气形成的爆炸性气体环境。其目的是为了防止在爆炸危险场所中，由于电气设备和线路产生的电火花或危险温度引起燃烧或爆炸事故。本产品具有防爆性能可靠，风量大，噪声小，耗电省等优点。

（1）型号含义

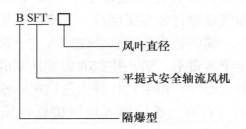

（2）应用范围

该通风设备广泛适用于隧道、地下室、轮船、舱室、电焊车间及工业废气排放等场所。

（3）主要规格及技术参数（表 5-3）

BSFT 通风设备主要规格及技术参数　　　　　　　表 5-3

型号规格	转速（r/min）	风量（m³/h）	风压（Pa）	功率（kW）
BSFT-200	2900	1500～2100	250～420	0.15
BSFT-250	2900	2700～3300	300～450	0.35
BSFT-300	2900	3720～4320	350～500	0.55
BSFT-400	1450	4210～5870	149～300	0.55
BSFT-500	1450	5640～10000	300～500	0.75

备注：风机电压常规 220V/380V，频率 50Hz/60Hz。

（4）风机外形尺寸（表 5-4）

BSFT 风机外形尺寸　　　　　　　表 5-4

型号规格	内径（mm）	长度（mm）	外径（mm）	高度（mm）
BSFT-200	220×220	340	250×250	360
BSFT-250	260×260	340	300×300	430
BSFT-300	310×310	340	350×350	480
BSFT-400	410×410	340	450×450	580
BSFT-500	510×510	380	550×550	680

二、止气夹具（图 5-26）

图 5-26　止气夹具

1. 止气夹具概述

止气夹具分手动式和液压式两种，特点是机构简单，构造合理，无松散零件，超轻、超强合金机身设计，可轻松封堵多种管径的 PE 管。主要有以下技术优势：

（1）高性能油缸，压紧或释放速度均匀，稳定性高；

（2）多规格制动片，防止过度挤压；

（3）底部可打开，套上管道即可开始封堵；

（4）轻便、强度高，适合小空间操作；

（5）液压式使封堵更轻；

2. 规格：

PE63、PE110、PE160、PE250、PE315。

3. 应用范围

燃气管道专用断气工具，使用该工具后可以实现带气作业。方便在不停气的情况进行管道安装及维修。

4. 止气夹具操作规程

（1）松开回油阀，使千斤顶退回位置，再关闭回油阀。

（2）去掉下支架，将量止器放到管材上，再将下支架从管材下穿入应使管材中与千斤顶中保持一致。

（3）用千斤顶压管材。

（4）松开回回油阀。

（5）去下支架拿出管材。

5. 注意事项

（1）管材上同一个位置不进行两次操作，两次操作的位置间距不应小于 3 倍的管材外径。

（2）管材夹扁后，可以自然复圆，也可以使用复圆夹具复圆。

（3）定期检千斤顶油缸的液压油必要时补充液压油。

第六章 事故应急救援

第一节 应急救援基本知识

一、事故应急救援的基本任务

事故应急救援的总目标是通过有效的应急救援行动，尽可能地降低事故的后果，包括人员伤亡、财产损失和环境破坏等。事故应急救援的基本任务包括下述几个方面：

（1）立即组织营救受害人员，组织撤离或者采取其他措施保护危害区域内的其他人员。抢救受害人员是应急救援的首要任务，在应急救援行动中，快速、有序、有效地实施现场急救与安全转送伤员是降低伤亡率，减少事故损失的关键。由于重大事故发生突然、扩散迅速、涉及范围广、危害大，应及时指导和组织群众采取各种措施进行自身防护，必要时迅速撤离危险区或可能受到危害的区域。在撤离过程中，应积极组织群众开展自救和互救工作。

（2）迅速控制事态，并对事故造成的危害进行检测、监测，测定事故的危害区域、危害性质及危害程度。及时控制住造成事故的危险源是应急救援工作的重要任务，只有及时地控制住危险源，防止事故的继续扩展，才能及时有效进行救援。特别对发生在城市或人口稠密地区的化学事故，应尽快组织工程抢险队与事故单位技术人员一起及时控制事故。

（3）清理好现场，消除危害后果。针对事故对人体、动植物、土壤、空气等造成的现实危害和可能的危害，迅速采取封闭、隔离、洗消、监测等措施，防止对人的继续危害和对环境的污染。及时清理废墟和恢复基本设施，将事故现场恢复至相对稳定的状态。

（4）查清事故原因，评估危害程度。事故发生后应及时调查事故发生的原因和事故性质，评估出事故的危害范围和危险程度，查明人员伤亡情况，做好事故调查。

二、事故应急救援的特点

应急工作涉及技术事故、自然灾害（引发）、城市生命线、重大工程、公共活动、公共卫生和人为突发事件等多个领域，构成一个复杂的系统，具有易燃易爆、不确定性、突发性、复杂性和后果、影响易猝变、激化、放大的特点。

三、事故应急救援的相关法律法规要求

近年来我国政府相继颁布的一系列法律法规，如《危险化学品安全管理条例》、《国务院关于特大安全事故行政责任追究的规定》、《中华人民共和国安全生产法》、《中华人民共和国特种设备安全法》等，对危险化学品、特大安全事故、重大危险源等应急救援工作提出了相应的规定和要求。

《中华人民共和国安全生产法》规定：生产经营单位的主要负责人应组织制定并实施本单位的生产安全事故应急救援预案，并告知从业人员和相关人员在紧急情况下应当采取的应急措施。县级以上地方各级人民政府应当组织有关部门制定本行政区域内生产安全事故应急救援预案，建立应急救援体系。

第二节　动火作业事故应急救援体系

控制动火作业事故的关键在于预防，要尽量避免发生紧急意外情况。救援行动属于事后补救，即使启动应急预案，仍无法避免伤害的发生。

近年来，动火作业事故暴露出的问题有：

（1）违反安全规程，违规指挥。

（2）不落实动火制度，不采取防护措施，违章作业。

（3）企业无相关资质，聘用无特种作业资格人员盲目蛮干。

（4）应急救援处置不当，导致事故扩大。

一、救援安排

在授权人员进行动火作业前，必须确保相应的应急救援人员以及安排

妥当，以便在作业人员需要帮助时随时到位，并清楚如何处置紧急情况。在必要的情况下，保证救援程序必需的设备与器材到位并处于良好的状态。

实际上，在进行风险评估的时候，就应确定所需的紧急救援安排。风险评估要结合作业现场、作业程序、周边环境等情况，针对动火作业中存在的着火爆炸、窒息中毒、磕碰撞伤、落物砸伤、架构塌滑、触电灼伤等危险因素，认真做好危害识别，组织好风险评估，准确掌握潜在风险，拟定动火防范措施，建立启动风险预警程序，防止风险转化为事故。应急预案要针对风险评估结论，结合动火作业现场特点、设备工具和施工人员构成实际，分析出现事故的可能性和灾害的危险性，制定切实可行的应急救援预案。

二、培训

动火作业中，员工培训亦不可忽视。首先，不同职责不同培训。对管理层、执行层的所有人员按所赋予的职责，进行相关法规和知识的培训；对动火作业人员的工作负责人、签发人、许可人、监护人、化验和执行人可按《人力资源管理程序》每年进行一次能力、意识的评价，确认符合性；对直接从事动火作业的人员则进行特种作业持证培训。其次，定期组织案例分析、法律法规学习。通过讲解各类动火作业事故案例、动火实例，提高人的安全意识和行为。同时，通过开展讲座等形式，组织学习国家相关的法规、标准，提高动火作业管理水平和操作水平。最后，成立动火人员讨论小组，对法规、标准没有要求到的实际问题进行讨论，并将讨论结果整理成文，再次组织学习。

三、救援策略

（1）施工现场万一发生火灾事故，火灾发现人员应立即示警和通知先行安全负责人，并立即使用施工现场配备的消防器材扑灭初起之火。

（2）扑救火灾爆炸事故，应遵循如下原则：从上到下、从外向内、从上风处至下风处。

（3）当事故现场火灾危及或烧伤作业人员时，应紧急把伤者隔离火源，并把火扑灭。

四、救援设备

动火作业应急救援主要设备有消防设备、配置救援设备、检测仪器和现场器具等，应确保消防车辆及器材、个人防护器材、救护器材、检测仪器等配备到位，取用方便，满足要求。

救护器材主要有医用药箱、纱布、绷带、医用酒精、碘酒、夹板、烫伤膏、眼药水、消炎药、止痛药、医用棉签、冰袋、创可贴、速效救心丸、医用氧气瓶等。

急救医疗用品应放置在通风、阴凉、醒目、远离化学品污染的室内，并有专人保管，防止无关人员随意使用造成缺失。对尚未打开包装的有保质期限制的医药品在保质期限前一个月进行更换；对已打开外包装的有保质期限的医药品在保质期限前三个月进行更换；对已打开内包装的有保质期限的医药品在打开内包装后一个月进行更换。

五、应急救援方式

1. 当发生固体类物质火灾时

根据现场火灾火势大小情况，第一发现者应发出火灾报警，大声告知现场其他人员。火势不大则立即取用灭火器进行现场灭火；如果火势较大及时报告志愿者消防队队长组织志愿者消防队进行灭火，同时上报公司消防总指挥，志愿者消防队成员利用灭火器和消火栓进行灭火，在灭火期间如果有人被困火场，首先进行人员救护，让现场被困人员及时逃生，逃生时尽量弯腰或匍匐逃生，同时使用毛衣或衣物捂住口鼻以防有毒气体造成中毒；当火势非常大时，公司内部救援队伍不能灭火时，由消防总指挥或其指派通信联络组拨打119灭火电话，请求专业队伍进行救援。

2. 当发生液体类物质火灾或电气设备火灾时

不得用水进行灭火，应使用干粉灭火器、二氧化碳灭火器和消防沙进行灭火。若火灾处于初期，现场人员应及时使用灭火器进行灭火。如果火势较大，应急救援方式参照"固体类物质火灾"相关内容执行。

应急救援结束后，应急指挥小组负责撰写应急救援总结，重点写清事故发生的地点、时间、人员伤亡情况、财产损失情况、事故发生的原因、针对此起事故进行的灭火处置过程、灭火过程遇到的问题、取得的经验和教训以及对应急救援预案不足之处进出修订。

3. 当发生气体类物质火灾时

扑救气体类火灾切忌盲目扑灭，在没有采取堵漏措施的情况下，必须保持其稳定燃烧。否则，可燃气体泄漏出来与空气混合，遇火源发生爆炸，后果不堪设想。

首先应扑灭外围被火源引燃的可燃物大火，切断火势蔓延途径，控制燃烧范围，并立即抢救受伤和被困人员。如果大火中有压力容器或有受到火焰辐射热威胁的压力容器，能疏散的应尽量在水枪的掩护下疏散到安全地带。如果是输气管道泄漏着火，应设法找到气源阀门。确认阀门完好的，关闭阀门，火焰就会自动熄灭。储罐或管道泄漏阀门无效时，应根据火势判断气体压力和泄漏口的大小及位置，准备好相应的堵漏材料（如：软木塞、橡皮塞、气囊塞、胶粘剂、弯管工具等）。堵漏工作准备就绪后，可采取有效措施灭火，火被扑灭后，应立即用堵漏材料进行堵漏，同时用雾状水稀释和驱散泄漏出来的气体。若泄漏口很大，根本无法堵住，这时可采取措施冷却着火容器及周围容器和可燃物，控制着火范围，直到燃气燃尽，火焰就会自动熄灭。如有火灾发生，靠公司的力量不能对火势进行有效控制时，则应立即拨打"119"，请求消防部门立即救援。

现场指挥应密切注意各种危险征兆，一旦事态恶化，指挥员必须做出准确判断，及时下达撤退命令。

第三节　动火作业事故应急救援预案

一、应急救援预案的编制

1. 应急救援预案的编制含义和目的

应急救援预案是为应对可能发生的紧急事件所做的预先准备，其目的是限制紧急事件的范围，尽可能消除事件或尽量减少事件对人、财产和环境造成的损失。紧急事件是指可能对人员、财产或环境等造成重大损害的事件。

2. 应急救援预案的编制准备

编制应急救援预案应做好以下准备工作：

（1）全面分析本单位危险因素、可能发生的事故类型及事故危险程度。

（2）排查事故隐患的种类、数量和分布情况，并在隐患治理的基础上，预测可能发生的事故类型及其危害程度。

（3）确定事故危险源，进行风险评估。

（4）针对事故危险源和存在的问题，确定相应的防范措施。

（5）客观评价本单位应急能力。

（6）充分借鉴国内外同行业事故教训及应急工作经验。

3. 应急救援预案的编制程序

（1）应急救援预案编制工作组

综合本单位部门职能分工，成立以单位主要负责人为领导的应急救援预案编制工作组，明确编制任务、职责分工，制定工作计划。

（2）资料收集

应急预案编制工作组应收集与预案编制工作相关的法律法规、技术标准、应急预案、国内外同行业企业事故资料，同时收集本单位安全生产相关技术资料、周边环境影响、应急资源等有关资料。

（3）风险评估

在危险因素分析及事故隐患排查、治理的基础上，确定本单位的危险源、可能发生事故的类型和后果，进行事故风险分析，并指出事故可能产生的次生、衍生事故，形成分析报告，分析结果作为应急救援预案的编制依据。

（4）应急能力评估

在全面调查和客观分析生产经营单位应急队伍、装备、物资等应急资源状况基础上开展应急能力评估，并依据评估结果，完善应急保障措施。

（5）应急救援预案编制

针对可能发生的事故，按照有关规定和要求编制应急救援预案。应急救援预案编制过程中，应注重全体人员的参与和培训，使所有与事故有关人员均掌握危险源的危险性、应急处置方案和技能。应急救援预案应充分利用设备应急资源，与地方政府、上级主管单位以及相关部门的预案相衔接。

（6）应急救援预案评审

应急救援预案编制完成后，应进行评审。评审由本单位主要负责人组织有关部门和人员进行。外部评审由上级主管部门或地方政府负责安全管理的部门组织审查。评审后，按规定报有关部门备案，并经生产经营单位主要负责人签署发布，并及时发放到本单位有关部门、岗位和相关应急救援队伍。

4. 应急救援预案的基本要求

（1）针对性。应急救援预案是针对可能发生的事故，为迅速、有序地开展应急行动而预先制定的行动方案，因此，应急预案应结合危险分析的结果。

针对重大危险源：重大危险源是指长期或是临时生产、搬运、使用或储存的危险物品，且危险物品数量等于或超过临界量的单位（包括场所设施）。重大危险源历来是生产经营单位监管的重点对象。

针对可能发生的各类事故：编制应急预案之初需要对生产经营单位中可能发生的各类事故进行分析，在此基础上编制预案，才能保证应急预案更广范围的覆盖性。

针对关键岗位和地点：不同的生产经营单位，同一生产经营单位不同生产岗位所存在的风险大小都往往不同，特别是在危险化学品、煤矿开采、建筑等高危行业，都存在一些特殊或关键的工作岗位和地点。

针对薄弱环节：生产经营单位的薄弱环节主要是指生产经营单位在应对重大事故方面存在应急能力缺陷或不足。企业在编制预案过程中，必须针对重大事故应急救援过程中，人力、物力、救援装备等资源的不足提出弥补措施。

针对重要工程：重要工程的建设和管理单位应当编制预案，这些重要工程往往关系到国计民生的大局，一旦发生事故，其造成的影响或损失往往不可估量，因此，针对这些重要工程应当编制应急预案。

（2）科学性。应急救援是一项科学性很强的工作，编制应急预案必须以科学的态度，在全面调查研究的基础上，实行领导和专家结合的方式，开展科学分析和论证，制定出决策和处置方案，应急手段先进的应急反应方案，使应急预案真正地具有科学性。

（3）可操作性。应急预案应具有适用性和可操作性，即发生重大事故灾害时，有关应急组织和人员可以按照应急预案的规定迅速、有序、有效地开展应急救援行动，降低事故损失。

（4）完整性。功能完整：应急预案中应说明有关部门履行的应急准备、应急响应职能和灾后恢复职能，说明为确保履行这些职能而履行的支持性职能。

应急过程完整：包括应急管理工作中的预防、准备、响应、恢复四个阶段。

适用范围完整：要阐明该预案的使用范围，即针对不同事故性质可能会对预案的适用范围进行扩展。

（5）合规性。应急预案的内容应符合现行国家法律、法规、标准和规范要求。

（6）可读性。易于查询，语言简洁、通俗易懂，层次及结构清晰。

（7）相互衔接。各级各类安全生产应急预案相互协调一致、相互兼容。

此外，应急救援预案应当至少每3年修订一次，预案修订情况应有记录并归档。当有下列情形之一的，应急救援应及时修订：

（1）依据的法律、法规、规章、标准及上位预案中的有关规定发生重大变化的。

（2）应急指挥机构及其职责发生调整的。

（3）面临的事故风险发生重大变化的。

（4）重要应急资源发生重大变化的。

（5）预案中的其他重要信息发生变化的。

（6）在应急演练和事故应急救援中发现问题需要修订的。

（7）编制单位认为应当修订的其他情况。

二、应急救援预案体系的构成

单位应针对各级各类可能发生的事故和所有危险源制定综合应急救援预案、专项应急救援预案和现场应急处置方案，并明确事前、事中、事后的各个过程中相关部门和有关人员的职责。生产规模小、危险因素少的生产经营单位，综合应急救援预案和专项应急救援预案可以合并编写。

编制的综合应急救援预案、专项应急救援预案和现场处置方案之间应当相互衔接，并与所涉及的其他单位的应急救援预案相互衔接。

1. 综合应急救援预案

生产经营单位风险种类多、可能发生多种事故类型的，应当组织编制本单位的综合应急预案。

综合应急救援预案应当包括本单位的应急组织机构及其职责、预案体系及响应程序、事故预案及应急保障、应急培训及预案演练等主要内容。

2. 专项应急救援预案

对于某一种类的风险，生产经营单位应根据存在的重大危险源和可能发生的事故类型，制定相应的专项应急救援预案。

专项应急救援预案应当包括事故风险分析、应急指挥机构及职责、处置程序、处置措施等内容。

3. 现场应急处置方案

现场应急处置方案是针对具体的装置、场所或设施、岗位所制定的应急处置措施。现场处置方案应具体、简单、针对性强。现场处置方案应根据风险评估及危险性控制措施逐一编制，做到事故相关人员应知应会，熟练掌握，并通过应急演练，做好迅速反应、正确处置。

三、应急预案的具体编制与实施

动火作业应急预案在不同单位应该属于专项应急预案或者现场处置方案两种，下面分别介绍：

1. 专项应急预案的具体编制与实施。专项应急预案是针对具体的事故类别（如中毒、着火、物体打击等事故）、危险源和应急保障而拟定的计划或方案。专项应急预案应制定明确的救援程序和具体的应急救援措施。

（1）事故风险分析。针对可能发生的事故风险，分析事故发生的可能性以及严重程度、影响范围等。

（2）应急指挥机构及职责。应急组织机构：明确组织形式、构成单位或人员，并尽可能以结构图的形式表示出来。指挥机构及职责：根据事故类型，明确应急救援指挥机构总指挥以及各成员单位或人员的具体职责。应急救援指挥机构可以设置相应的应急救援工作小组，明确各小组的工作任务及主要负责人职责。

（3）处置程序

明确事故及事故险情信息报告程序和内容、报告方式和责任等。根据事故响应级别，具体描述事故接警报告和记录、应急指挥机构启动、应急指挥、资源调配、应急救援、扩大应急等应急响应程序。

（4）处置措施

针对可能发生的事故风险、事故危害程度和影响范围，制定相应的应急处置措施，明确处置原则和具体要求。

2. 现场处置方案具体编制与实施。现场处置方案是针对具体装置、场所或设施、岗位所指定应急处置措施。现场处置方案应具体、简单、针对性强。现场处置方案应根据风险评估及危险性控制措施逐一编制，做到事故相关人员应知应会，熟练掌握，并通过应急演练，做到迅速反应，正确处置。

（1）事故风险分析

主要包括：

1）事故类型。

2）事故发生的区域、地点或装置的名称。

3）事故发生的可能时间、事故的危害严重程度及其影响范围。

4）事故前可能出现的征兆。

5）事故可能引发的次生、衍生事故。

（2）应急工作职责

根据现场工作岗位、组织形式及人员构成，明确各岗位人员的应急工作分工和职责。

（3）应急处置

主要包括以下内容：

1）事故应急处置程序。分析可能发生的事故及现场情况，明确事故报警、各项应急措施启动、应急救护人员的引导、事故扩大及同生产经营单位应急预案的衔接的程序。

2）现场应急处置措施。针对可能发生的火灾、爆炸、危险化学品泄漏、坍塌、水患、机动车辆伤害等，从人员救护、工艺操作、事故控制，消防、现场恢复等方面制定明确的应急处置措施。

3）明确报警负责人以及报警电话及上级管理部门、相关应急救援单位联络方式和联系人员，事故报告基本要求和内容。

（4）注意事项

主要包括：

1）使用抢险救援器材方面的注意事项。

2）采取救援对策或措施方面的注意事项。

3）现场自救和互救注意事项。

4）现场应急处置能力确认和人员安全防护等事项。

5）应急救援结束后的注意事项。

6）其他需要特别警示的事项。

四、预案需要列出的相关附件及要求

1. 有关应急部门、机构或人员的联系方式

列出应急工作中需要联系的部门、机构或人员的多种联系方式，当发

生变化时及时进行更新。

2. 应急物资装备的名录或清单

列出应急预案涉及的主要物资和装备名称、型号、性能、数量、存放地点、运输和使用条件、管理责任人和联系电话等。

3. 规范化格式文本

应急信息接报、处理、上报等规范化格式文本。

4. 关键的路线、标识和图纸

主要包括：

1）警报系统分布及覆盖范围。

2）重要防护目标、危险源一览表、分布图。

3）应急指挥部位置及救援队伍行动路线。

4）疏散路线、警戒范围、重要地点等的标识。

5）相关平面布置图纸、救援力量的分布图纸等。

5. 有关协议或备忘录

列出与相关应急救援部门签订的应急救援协议或备忘录。

五、应急预案编制格式

1. 封面

应急预案封面主要包括应急预案编号、应急预案版本号、生产经营单位名称、应急预案名称、编制单位名称、颁布日期等内容。

2. 批准页

应急预案应经生产经营单位主要负责人（或分管负责人）批准方可发布。

3. 目次

应急预案应设置目次，目次中所列的内容及次序如下：

（1）批准页。

（2）章的编号、标题。

（3）带有标题条的编号、标题（需要时列出）。

（4）附件，用序号标明其顺序。

4. 印刷与装订

应急预案推荐采用 A4 版面印刷，活页装订。

六、编制应急预案应特别注意的问题

1. 预案内容要全面

预案内容不仅要包括应急处置，而且要包括预防预警。恢复重建不仅要有应对措施，而且要有组织体系、响应机制和保障手段。

2. 预案内容要适用

预案内容要适用，也就是务必切合实际。应急预案的编制要以事故风险分析为前提，要结合本单位的行业类别、管理模式、生产规模、风险种类等实际情况，充分借鉴国际、国内同行业的事故经验教训，在充分调查、全面分析的基础上，确定本单位可能发生事故的危险因素，确定有针对性的救援方案，确保应急救援预案科学合理、切实可行。

3. 预案表达要简明

编制应急预案要遵循"通俗易懂、删繁就简"的原则，抓住应急管理的工作流程、救援程序、处置方法等关键环节，制定出简单易行的应急预案，坚持避免把应急预案编制成冗长烦琐、晦涩难懂的文章。

具体到每一岗位，一般为半页纸。要把岗位现场处置文案做成活页纸，准确规定操作规程和动作要领，让每一位员工都能"看得懂、记得住、用得上"。

4. 应急责任要明晰

明晰责任是应急预案的基本要求。要切实做到责任落实到岗，任务落实到人，流程牢记在心。只有这样，一旦发生事故时才能实施有效、科学、有序的报告、救援、处置等程序，防止事故扩大或恶化，最大限度地降低事故造成的损失或危害。

5. 应急预案要衔接

应急救援是一个复杂的系统工程，在一般情况下，要涉及企业上下和企业内外的多个组织、部门。特别是不可能完全确定的事故状态，使应急救援行动充满变数，使应急救援行动在很多情况下必须寻求外部力量的支援。因此，编制预案时，必须从横向、纵向上与相关企业、政府的应急预案进行有机衔接。

6. 应急预案的演练

预案只是预想的作战方案，实际效果如何，还需要实践来验证。同时，熟练的应急技能也不是一日可得的。因此，必须对应急预案进行经常性的演练，验证应急预案的适用性、有效性，以发现问题，改进完善。这样不但可以不断提高预案的质量，而且可以锻炼应急人员，使其具有过硬的心里状态和熟练的操作技能。

7. 预案改进要持续

要加强应急预案的培训、演练，通过培训和演练及时发现应急预案存在的问题和不足。同时，要根据安全生产形式和企业生产环境、技术条件、管理方式等实际变化，与时俱进，及时修订预案内容，确保应急预案的科学性和先进性。

七、应急预案的实施

1. 单位应当采取多种形式开展应急预案的宣传教育，普及生产安全事故预防、避险、自救和互救知识，提高从业人员安全意识和应急处置技能。

2. 单位应当组织开展本单位的应急预案培训活动，使有关人员了解应急预案内容，熟悉应急职责、应急程序和岗位应急处置方案。

应急预案的要点和程序应当张贴在应急地点和应急指挥场所，并设有明显的标志。

3. 单位应当制定本单位的应急预案演练计划，根据本单位的事故预防重点，每年至少组织一次综合应急预案演练或者专项应急预案演练，每半年至少组织一次现场处置方案演练。

单位发生事故后，应当及时启动应急预案，组织有关力量进行救援，并按照规定将事故信息及应急预案启动情况报告安全生产监督管理部门和其他负有安全生产监督管理职责的部门。

第四节　动火作业事故应急救援演练

应急演练是针对情景事件，按照应急救援预案而组织实施的预警、应急响应、指挥与协调、现场处置与救援、评估总结等活动。应急演练工作应符合以下要求：

（1）应急演练工作必须遵守国家相关法律、法规、标准的有关规定。

（2）应急演练应纳入本单位应急管理工作的整体规划，按照规划组织实施。

（3）应急演练应结合本单位安全生产过程中的危险源、危险有害因素、易发事故的特点，根据应急救援预案或特定应急程序组织实施。

（4）根据需要合理确定应急演练类型和规模。

（5）制定应急演练过程中安全保障方案和措施。

（6）应急演练应周密安排、结合实际、从难从严、注重过程、实事求是、科学评估。

（7）不得影响和妨碍生产关系系统的正常运转及安全。

一、应急演练的分类、目的

按照应急演练的内容，可分为综合演练和专项演练；按照演练的形式，可分为现场演练和桌面演练；按照演练的目的，可分为检验性演练和研究性演练。

应急演练的目的：

1. 校验应急演练

用模拟方式对应急预案的各项内容进行检验，保证应急预案有针对性、科学性、实用性和可操作性。

2. 锻炼队伍

通过有组织、有计划、真实性强的仿真演练，锻炼应急队伍，保证应急人员具有良好的应急素质和熟练的操作水平，充分满足应急工作的实际需要。

3. 提高水平

通过完善应急预案，提高队伍素质和应急各方协同应对能力，保证应急预案的顺利实施，提高应急救援的实战水平。

4. 实现目标

通过应急演练可以提高应急救援水平，保证实战成功，圆满完成应急预案的目标，最大限度地避免或减少人员伤亡、财产损失、生态破坏和不良社会影响。

二、主要演练类型特点介绍

1. 桌面演练

桌面演练是指应急组织的代表或关键岗位人员参加的，按照应急预案及其标准运作程序讨论紧急情况时所应采取的行动演练活动。

桌面演练的主要特点是对演练情景进行口头演练，一般是在会议室内举行的非正式活动。

主要是在没有时间压力的情况下，演练人员检查和解决应急预案中问题的同时，获得一些建设性的讨论结果。

主要的目的是在心情放松、心理压力较小的情况下，锻炼应急人员解决问题的能力，以及解决应急组织相互协作和职责划分的问题。

桌面演练只需要展示有限的应急响应和内部协调活动，应急响应人员主要来自本地应急组织，事后一般采取口头评论形式收集演练人员的建议，并提交一份简单的书面报告，总结演练活动和提出有关改进应急响应工作的建议。

桌面演练方法成本较低，主要用于为功能演练和综合演练做准备。

2. 功能演练

功能演练是指针对某响应功能或其中某些应急响应的活动举行的演练活动。功能演练也可称专项演练。

功能演练主要的目的是针对不同的应急响应功能，检验相关应急人员及应急指挥协调机构的策划和响应能力。如应急通信功能演练，可假定在事故状态下，按照应急预案要求，模拟事态的逐级发展，检验不同人员、不同地域、不同通信工具的通信能否满足实际要求。

对功能演练，要进行评估，充分总结演练过程中发现的问题和获得的经验。功能演练完成后，除采取口头评估的形式外，还要向相关部门提交有关演练活动的书面评估报告，提出改进建议，完善应急预案，提高应急水平。

3. 综合演练

综合演练指针对应急预案中全部或大部分应急响应功能，检验、评价应急组织应急运行能力的演练活动。

综合演练，现场逼真，暴露出的问题往往最能体现要害，获取的经验最有用。同时，综合演练投入的人力、财力、物力最多，往往是巨大的。因此必须把应急预案演练评估作为一项非常重要的工作，全过程地抓好，以弥补不足，总结经验，并努力节省投资，降低成本。

三、应急演练的基本内容

应急演练的基本内容有。

1. 预警与通知

接警人员接到报警后，记录现场人员自救情况，并按照应急救援预案规定的时间、方式、方法和途径，迅速向可能受到突发事件波及区域的相关部门和人员发出预警通知，同时报告上级主管部门或当地政府有关部门、应急机构，以便采取相应的应急行动。

2. 决策与指挥

根据应急救援预案规定的响应级别，建立统一的应急指挥、协调和决策机构，迅速有效地实施应急指挥，合理高效地调配和使用应急资源，控制事态发展。

3. 应急通信

保证参与预警、应急处置与救援的各方，特别是上级与下级、内部与外部相关人员通信联络的畅通。

4. 应急监测

对突发事件现场及可能波及区域的气象、有毒有害物质等进行有效监控并进行科学分析和评估，合理预测突发事件的发展态势及影响范围，避免发生次生或衍生事故。

5. 警戒与管制

建立合理警戒区域，维护现场秩序，防止无关人员进入应急处置与救援现场，保证应急救援队伍、应急物资运输和人群疏散等的交通畅通。

6. 疏散与安置

合理确定突发事件可能波及区域，及时、安全、有效地撤离、疏散、转移、妥善安置相关人员。

7. 医疗与卫生保障

调集医疗救护资源对受伤人员合理检伤并分级，及时采取有效的现场急救及医疗救护措施，做好卫生监测和防疫工作。

8. 现场处置

应急处置与救援过程中，按照应急救援预案规定及相关行业技术标准采取有效安全保障措施。

9. 公众引导

及时召开新闻发布会，客观、准确地公布有关信息，通过新闻媒体与社会公众建立良好的沟通。

10. 现场恢复

应急处置与救援结束后，在确保安全的前提下，实施有效洗消、现场清理和基本设施恢复工作。

11. 总结与评估

对应急演练组织实施中发现的问题和应急演练效果进行评估总结，以便不断改进和完善应急救援预案，提高应急响应能力和应急装备水平。

四、应急演练活动的筹备

1. 综合演练活动筹备

（1）筹备方案

综合演练活动，特别是有多个部门联合组织或具有示范性的大型综合演练活动，为确保应急演练活动的安全、有序并达到预期效果，应当制定应急演练活动筹备方案。筹备方案通常包括成立组织机构、演练策划与编写演练文件、确定演练人员、演练实施等方面的内容。负责筹备的单位，可根据演练规模的大小，对筹备演练的组织机构与职责进行合理调整，在确保相应职责能够得到有效落实的前提下，缩减或增加组织领导机构。

（2）组织机构与职责

综合演练活动可以成立综合演练活动领导小组，下设策划组、执行组、保障组、技术组、评估小组等若干专业工作组。

1）领导小组。综合演练活动领导小组负责演练活动筹备期间和实施过程中的领导与指挥工作，负责任命综合演练活动总指挥与现场总指挥。组长、副组长一般由应急演练组织部门的领导担任，具备调动应急演练筹备工作所需人力和物力的权力。总指挥、现场总指挥可由组长、副组长兼任。

2）策划组。负责制定综合演练活动方案，编制综合演练实施方案；负责演练前、中、后的宣传报道，编写演练总结报告和后续改进计划。

3）执行组。负责应急演练活动筹备及实施过程中与相关单位和工作组内部的联络、协调工作；负责情景事件要素设置及应急演练过程中的场景布置；负责调度参演人员、控制演练进程。

4）保障组。负责应急演练筹备及实施过程中安全保障方案的制定与执行；负责所需物资的准备，以及应急演练结束后上述物资的清理归库；负责人力资源管理及经费的使用管理；负责应急演练过程中通信的畅通。

5）技术组。负责监控演练现场环境参数及其变化，制定应急演练过程中应急处置方案和安全措施，并保障其正确实施。

6）评估组。负责应急演练的评估工作，撰写应急演练评估报告，提出具有针对性的改进意见和建议。

（3）应急演练的策划

1）确定应急演练要素

应急演练策划就是在应急救援预案的基础上，进行应急演练需求分析，明确应急演练目的和目标，确定应急演练范围，对应急演练的规模、参演单位和人员。情景事件及发生顺序、响应程序、评估标准和方法等进行的总体策划。

2）分析应急演练需求

在对现有应急管理工作情况以及应急救援预案进行认真分析的基础上，确定当前面临的主要和次要风险、存在的问题、需要训练的技能、需要检验或测试的设施和装备、需要检验和加强的应急功能和需要演练的机构和人员。

3）明确应急演练的目的

根据应急演练需求分析确定应急演练的目的，明确需要检验和改进的应急功能。

4）明确应急演练目标

根据应急演练的目的确定应急演练目标，提出应急演练期望达到的标准要求。

5）确定应急演练规模

根据应急演练的目标确定应急演练规模。演练规模通常包括：演练区域、参演人员以及涉及的应急功能。

6）设置情景事件

一般情况下设置单一情景事件。有时，为增加难度，可以设置复合情景事件。即在前一个事件应急演练的过程中，诱发次生情景事件，以不断提出新问题考验演练人员，锻炼参演人员的应急反应能力。

在设置情景事件时，应按照突发事件的内在变化规律，设置情景事件的发生时间、地点、状态特征、波及范围以及变化趋势等要素，并进行情景描述。

7）应急行动与应急措施

根据情景描述，对应急演练过程中应采取预警、应急响应、决策与指挥、处置与救援、保障与恢复、信息与发布等应急行动与应对措施预先设定和描述。

8）注意事项

① 策划人员应熟悉本部门（单位）工艺流程、设备状况、场地分布、周边环境等实际情况。

②　情景事件的时间应使用北京时间。如因其他原因，应在应急演练前予以说明。

③　应急演练中应尽量使用当时当地的气象条件或环境参数。

④　应充分考虑应急演练过程中发生真实事故的可能性，必须制定切实有效的保障措施，确保安全。

（4）编写应急演练文件

1）应急演练方案。应急演练方案是指导应急演练实施的详细工作文件，通常包括：

①　应急演练需求分析。

②　应急演练的目的。

③　应急演练的目标及规模。

④　应急演练的组织与管理。

⑤　情景事件与情景描述。

⑥　应急行动与应对措施预先设定和描述。

⑦　各类参演人员的任务和职责。

2）应急演练评估指南和评估记录。应急演练评估指南是对评估内容、评估标准、评估程序的说明，通常包括：

①　相关信息：应急演练目的和目标、情景描述，应急行动与应对措施简介等。

②　评估内容：应急演练准备、应急演练方案、应急演练组织与实施、应急演练效果等。

③　评估标准：应急演练目标实现程度的评判指标，应具有科学性和可操作性。

④　评估程序：为保证评估结果的准确性，针对评估过程做出的程序规定。

应急演练评估记录是根据评估标准记录评估内容的照片、录像、表格等，用于对应急演练进行评估总结。

3）应急演练安全保障方案。应急演练安全保障方案是防止在应急演练过程中发生意外情况而制定的，通常包括：

①　可能发生的意外情况。

②　意外情况的应急处置措施。

③　应急演练的安全设施与装备。

④　应急演练非正常终止条件与程序。

4）应急演练实施计划和观摩指南。对于重大示范性应急演练，可以依据应急演练方案把应急演练的全过程写成应急演练实施计划（分镜头剧本），详细描述应急演练时间、情景事件、预警、应急处置与救援及参与人员的指令与对白、视频画面与字幕、解说词等。

根据需要，编制观摩指南供观摩人员理解应急演练活动内容，包括应急演练的主办及承办单位名称，应急演练时间、地点、情景描述、主要环节及演练内容等。

（5）确定参与应急演练活动人员

1）控制人员

控制人员是按照应急演练方案，控制应急演练进程的人员，通常包括总指挥、现场总指挥以及专业工作组人员。控制人员在应急演练过程中的主要任务是：确保应急演练方案的顺利实施，以达到应急演练的目标；确保应急演练活动对于演练人员既有确定性，又富有挑战性；解答演练人员的疑问，解决应急演练过程中出现的问题。

2）演练人员

演练人员是指在应急演练过程中，参与应急行动和应对措施等具体任务的人员。演练人员承担的主要任务是：按照应急预案的规定，实施预警、应急响应、决策与指挥、处置与救援、应急保障、信息发布、环境监控、警戒与管制、疏散与安置等任务，安全、有序地完成应急演练工作。

3）模拟人员

模拟人员是指在应急演练过程中扮演、代替某些应急机构管理者或情景事件中受害者的人员。

4）评估人员

评估人员是指负责观察和记录应急演练情况，采取拍照、录像、表格记录等方法，对应急演练准备、应急演练组织和实施、应急演练效果等进行评估的人员。评估人员可以由相应领域的专家、本单位的专业技术人员、主管部门相关人员担任，也可以委托专业评估机构进行第三方评估。

2. 专项演练活动的筹备

专项应急预案演练的筹备可参考综合应急演练的筹备程序和内容，由于只涉及部分应急功能，负责演练筹备的单位可以根据需要进行适当调整。

五、应急演练的实施

1. 现场应急演练的实施

（1）熟悉演练方案。应急演练领导小组正、副组长或成员召开会议，重点介绍有关应急演练的计划安排，了解应急救援预案和演练方案，做好各项准备工作。

（2）安全措施检查。确认演练所需的工具、设备、设施以及参演人员到位。对应急演练安全保障方案以及设备、设施进行检查确认，确保安全保障方案的可行性，安全设备、设施的完好性。

（3）组织协调。应在控制人员中指派必要数量的组织协调员，对应急演练过程进行必要的引导，以防发生意外事故。组织协调员的工作位置和任务应在应急演练方案中作出明确的规定。

（4）紧张有序开展应急演练。应急演练总指挥下达演练开始指令后，参演人员针对情景事件，根据应急救援预案的规定，紧张有序地实施必要的应急行动和应急措施，直至完成全部演练工作。

（5）注意事项：

1）应急演练过程要力求紧凑、连贯，尽量反映真实事件下采取预警、应急处置与救援的过程。

2）应急演练应遵照应急救援预案有序进行，同时要具有必需的灵活性。

3）应急演练应重视评估环节，准确记录发现的问题和不足，并实施后续改进。

4）应急演练实施过程应做必要的评估记录，包括文字、图片和声像记录等，以便对演练进行总结和评估。

2. 桌面应急演练的实施

桌面应急演练的实施可以参考现场应急演练实施的程序，但是由于桌面应急演练的组织形式、开展方式与现场应急演练不同，其演练内容主要是模拟实施预警、应急响应、指挥与协调、现场处置与救援等应急行动和应对措施，因此，需要注意以下问题：

（1）桌面应急演练一般设一名主持人，可以由应急演练的副总指挥担任，负责引导应急演练按照规定的程序进行。

（2）桌面应急演练可以在实施过程中加入讨论的内容，以便于验证应急救援预案的可操作性、实用性，做出正确的决策。

（3）桌面应急演练在实施过程中可以引入视频，对情景事件进行渲染，引导情景事件的发展，推动桌面应急演练顺利进行。

六、应急演练的评估和总结

1. 应急演练讲评

应急演练的讲评必须在应急演练结束后立即进行。应急演练组织者、控制人员和评估人员以及主要演练人员应参加讲评会。

评估人员对应急演练的目标实现情况、参演队伍以及人员的表现、应急演练中暴露的主要问题等进行讲评，并出具评价报告。对于规模小的应急演练，评估也可以采用口头点评的方式。

2. 应急演练总结

应急演练结束后，评估组汇总评估人员的评估总结，撰写评估总结报告，重点对应急演练组织实施中发现的问题和应急演练效果进行评估总结，也可对应急演练准备、策划等工作进行简要总结分析。

应急演练评估总结报告通常包括以下内容：

（1）本次应急演练的背景信息。

（2）对应急演练准备的评估。

（3）对应急演练策划与应急演练方案的评估。

（4）对应急演练组织、预警、应急响应、决策与指挥、处置与救援、应急演练效果的评估。

（5）对应急救援预案的改进建议。

（6）对应急救援技术、装备方面的改进建议。

（7）对应急管理人员、应急救援人员培训方面的建议。

七、应急演练的修改完善和改进

根据应急演练评估报告对应急救援预案的改进建议，由应急救援预案编制部门按程序进行修改完善。

应急演练结束后，组织应急演练的部门（单位）应根据应急演练评估报告，总结报告提出的问题和建议，督促相关部门和人员，制定整改计划，明确整改目标、制定整改措施，落实整改资金，并应跟踪督查整改情况。

第二部分　燃气行业动火作业典型事故及防范措施

第七章 常见动火作业事故情况

当前，随着工业的迅速发展，各类工业安全事故屡见不鲜，仅 2017 年 1 月到 6 月，全国一共发生 10 起化工和危险化学品较大及以上事故，导致 41 人死亡。特别是 6 月份，接连发生了 5 起较大及以上事故，安全生产形势异常严峻。2016 年及 2017 年上半年较重大事故数见表 7-1。2017 年以来，在浙江、吉林、安徽、河南、上海、山东、内蒙古、青海及江西等地共发生 10 起较大以上事故。据统计，动火作业环节事故占 50%，因此，认真分析动火事故发生的原因并做好预防工作对减少事故的发生具有重大意义。

2016 年和 2017 年上半年重大事故数及死亡人数对比　　　　　　　　表 7-1

时间	动火事故数	死亡人数	较大以上事故数	较大以上事故死亡人数
2016 年	105	108	7	23
2017 年 1～6 月	113	135	10	41

第一节 国内工贸行业动火作业事故情况

2017 年 4 月 24 日，国家安全监管总局发布了关于近年来电气焊动火作业引发事故情况的通报。通报指出，事故暴露出部分企业存在安全生产责任不落实，安全意识、法律意识淡薄，安全管理混乱等问题。

近年来，电气焊动火作业引发事故屡屡发生，危害严重，教训深刻。2010 年以来有 6 起重特大事故、2015 年以来有 13 起较大事故由电气焊动火作业引发，其中多数涉及危化品或罐体装置。

2017 年比较典型的有 3 起：2017 年 2 月 17 日，吉林省松原市某公司某厂区在汽柴油改质联合装置酸性水罐动火作业过程中发生闪爆事故，造成 3 人死亡；2017 年 2 月 25 日，江西省南昌市某 KTV 在装修拆除动火作业中引发火灾事故，造成 10 人死亡；2017 年 3 月 20 日，河南省济源市某公司冶炼厂，在停产检修的阳极泥预处理车间，切割亚硒酸塔槽顶部的锈死阀门时发生爆炸，造成 3 人死亡。

这些事故暴露出部分企业存在安全生产责任不落实、安全意识、法律意识淡薄、安全管理混乱等问题，具体表现为：

1. 违反安全规程，违规指挥。在 2013 年吉林某公司"1·14"重大火灾事故中，企业违反了《金属非金属矿山安全规程》GB 16423 中"在井下进行动火作业，应制定经主管矿长批准的防火措施"的规定，在没有制定经主管矿长批准的防火措施的情况下，组织人员在井下进行焊割安装钢支护作业，掉落的金属熔化物造成井筒衬木阴燃，导致重大火灾事故的发生，造成 10 人死亡、29 人受伤，直接经济损失 929 万元。

2. 不落实动火制度，不采取防护措施，违章作业。2015 年 7 月 5 日，呼伦贝尔某公司在冷凝水罐顶焊接作业时，未严格履行公司《动火作业安全管理规定》，没有停车也未进行采样分析，在没有落实与动火设备相连接的所有管道应拆除或加盲板等安全措施的情况下开始动火作业，导致甲苯、丁醇等气体在冷凝水罐内混合并发生爆炸，造成 3 人死亡，直接经济损失 314.86 万元。另有 9 起事故也存在未制定设备安装维修施工方案、未对危险有害因素做风险辨识及编制风险控制和现场处置方案，对作业条件确认不到位，办理动火作业许可证时未严格落实规定，甚至未办理完动火作业票便进行动火作业等问题。

3. 企业无相关资质，且聘用无特种作业资格证人员盲目蛮干。一些私营企业主、施工单位无视《特种作业人员安全技术培训考核管理规定》（2015 修正）（国家安全监管总局令第 80 号）中"特种作业人员必须经专门的安全技术培训并考核合格，取得《中华人民共和国特种作业操作证》后，方可上岗作业"的规定，雇用没有经过正规消防培训、考核的电焊作业人员，盲目蛮干，酿成事故。在 2015 年新疆某县"2·2"危货空载罐车维修闪爆较大事故（造成 4 人死亡、1 人受伤）等 5 起事故中，事故单位或操作人员存在无焊接或热切割作业特种作业资质，无运输危险化学品资质，或不具备承接危货罐车维修的技术及能力，无资质操作、违法承接焊接作业等行为。

4. 现场应急处置不当，导致事故扩大。在 2016 年甘肃某集团某矿"8·16"重大火灾事故（造成 12 人死亡、16 人受伤）等事故中，或企业负责人不及时向有关部门报告，错失了取得外部救援的最佳时机；或在事故发生后没有在第一时间撤出井下所有作业人员，并盲目组织施救；或未按规定制定事故应急预案、不进行演练，缺少必要的抢险救援设备，致使事故伤亡扩大。

为深刻吸取这些事故教训，进一步落实各项安全生产措施，有效防范和坚决遏制各类事故的发生，必须做到如下几点。

（1）牢固树立红线意识，铸牢安全防范基础。各地区和相关企业特别是化工领域企业要深刻吸取事故血的教训。从这些事故存在的违章作业、不落实法规制度等问题的背后，认识到企业安全意识、法律意识淡薄、员工安全素养不强等深层问题，进一步强化企业主体责任的落实，牢固树立安全生产红线意识，真正在思想上警醒起来，铸牢安全生产的思想防线。

（2）严格依法生产经营，确保生产安全。企业要认真贯彻和落实《中华人民共和国安全生产法》等法律法规的有关规定，严格依法依规抓好生产运营和管理，不得无资质生产经营，不得将生产经营项目、场所、设备发包或出租给不具备安全生产条件或相应资质的单位和个人；要加强安全生产风险评估、应急预案编制和培训工作，健全完善应急措施，并定期组织开展应急演练和关键岗位应急训练，提高从业人员应急意识和自救互救技能。各级安全监管部门要加大执法检查力度，严肃查处各类安全生产违法行为，严格按照《中华人民共和国安全生产法》等法律法规实施处罚；要严格执法、严肃追责，强化企业法规意识。

（3）严格动火作业管理，把住安全防控制度关。各有关企业要提高对动火等特殊作业过程风险的认识，严格按照《中华人民共和国消防法》、《机关、团体、企业、事业单位消防安全管理规定》、《化学品生产单位特殊作业安全规范》GB 30871等相关法规制度的要求，制定和完善动火等特殊作业管理制度，强化风险辨识和管控，严格把控程序确认和作业许可审批，加强现场监督，确保各项规定执行落实到位，形成靠制度管控安全的管理和行为模式。

（4）强化宣传教育，发挥事故警示教育作用。各地区各有关企业要充分利用和发挥宣传教育的作用，通过电视、报纸、微信、微博、板报等传播平台，采取文字、图片、动漫等多种形式，加强对电气焊作业引发事故案例经验教训的宣传，进行消防等法律法规以及消防知识的专门宣传，增强全社会特别是相关企业员工对电气焊作业风险的认识，提高安全防范和安全法律意识，自觉做好安全生产工作，严防各类事故发生。

第二节　燃气企业动火作业事故情况

燃气设施、管道在投运一段时间后，由于应力、化学、电化学腐蚀，或材料、结构等方面的缺陷，在使用过程中会逐渐产生穿孔、裂纹等，及因外界其他客观原因造成的破坏而导致漏气；在城市改造与建设过程中也存在改建、扩建的需要，不可避免地要动用电焊、气焊等方法进行补焊、碰接及改造。燃气是易燃气体，在动火过程中，遇到明火易点燃；当燃气浓度达到爆炸极限，遇到明火还会发生爆炸，造成重大的财产损失，严重的还会造成人员伤亡。近年来，带气动火事故常常发生，给社会造成了重大损失。

随着我国城镇化水平逐步提高，我国城市天然气消费人口和供应消费总量均稳步增长。据统计，在 2006～2016 年的十多年时间内，我国使用天然气的城市人口从 0.83 亿人增长到了 3 亿人，我国城市燃气普及率从 79.1% 提高到了 95.6%，2006～2016 年我国天然气全年表观消费量由 561.4 亿 m^3 上升到了 2058 亿 m^3。随着燃气需求及供应的快速增长，各类燃气事故频频发生。据不完全统计，仅 2017 年上半年，我国发生燃气爆炸事故 389 起（同比增长 2.4%），共造成 500 余人受伤（同比增长 11.1%）、58 人死亡（同比增长 93.3%）。

燃气行业生产过程中不可避免地存在可燃易爆物质。在生产过程中存在着物的不安全因素和人的不安全行为，使可燃物质与空气混合达到爆炸极限，如遇火源，即会发生火灾、爆炸。发生火灾、爆炸要具备三个条件：第一，存在可燃物质，包括可燃气体、蒸气或粉尘；第二，可燃物质与空气（或氧气）混合并且达到爆炸极限，形成爆炸混合物；第三，有能导致爆炸的能源，即点火源，如撞击、摩擦、明火、电气火花、静电火花、雷电等。从火灾形成的机理我们可以看出，可燃物质、空气（或氧气）和点火源是构成化学爆炸的三要素，缺少其中任何一个，爆炸就不会发生；反之，控制和消除三个要素中的任何一个，就会阻止爆炸的发生。

预防火灾、爆炸事故发生的关键就是防止可燃物质形成爆炸性混合物和控制点火源。在油气生产、运输过程中极可能造成生产事故。措施一：保持设备、设施完好不漏，防止可燃物质的泄漏。措施二：按有关规定对易燃易爆场所安装安全技术设备、设施，并定期检测、维护，确保其处于良好状态。措施三：严格落实各项规章制度，执行安全操作规程。措施四：强化应急预案制定的针对性，同时落实施工前的风险识别和安全交底，强化现场施工前的安全意识。

第八章 燃气行业动火作业典型事故案例分析

动火作业是燃气企业生产运营中频繁发生的危险性作业，是燃气企业安全风险管控的重点之一。

动火作业事故的发生绝不是偶然、孤立的，每起事故的发生都与人、机、物、环境这几大因素有关，其中人员的违章指挥、违章操作和违反劳动纪律是引发事故的主要原因。

本章的案例分析主要内容包括：事故经过、原因、责任分析，应吸取的事故教训，防范措施等。可使读者对案例本身有更加清楚地理解。

第一节 责任制不落实引发的事故

一、广东顺德某公司"12·31"重大爆炸事故

1. 事故经过

2014年12月31日，广东某机械制造公司在建设试生产车间时，其中三个车轴装配车间停产。车间主任杜某通知部分员工到车间盘点和维护检修改造设备，并安排使用稀释剂053（易燃易爆物品。经检测，密度0.86g/cm³、闪点−26℃、爆炸极限0.9%～7.5%，主要成分及含量分别为甲缩醛33.3%、三甲苯17.5%、甲醇12.94%、1-甲氧基-2-丙醇10.9%、醋酸丁酯8.3%等。平时作为车间喷漆工序调漆用）清除车轴装配总线表面的油漆。7时30分起，87名员工陆续上班开始工作，24人在装配A、B线两侧使用稀释剂053进行清洁作业；3人在装配A线附近进行切割作业；5人准备在装配B线附近进行电焊作业；其他人员分别在盘点、划地面标识线、维护检修改造设备等。A线使用稀释剂053约165kg，B线使用稀释剂053约150kg。清洁过程中稀释剂053流入到车轴总装线的地沟内，挥发后与空气混合并到达爆炸浓度。9时28分许，梁

某等人在装配 B 线 17 号钢柱对应的钢构设备支架上安装卷管器，使用电焊机电焊，电焊熔渣掉落至装配 B 线地沟内引发爆炸，随后装配 A 线地沟区域也发生爆炸。事故车间严重损毁，爆炸部位面积约 1298m²，屋顶坍塌面积约 600m²。事故当场造成 17 人死亡、33 人受伤（其中 1 人因伤势过重、经抢救无效于 2015 年 1 月 2 日傍晚死亡）。

2. 事故分析

（1）公司管理不到位，责任制不落实是这次事故的根本原因。

该公司并未依法设置安全生产管理机构或配备专职安全生产管理人员；落实安全生产及消防安全责任制不到位，未明确各岗位的责任人员、责任范围和考核标准等内容。在不具备安全生产条件时，违法从事生产经营活动。发生事故的厂房未组织建设工程竣工验收、消防验收，未申请环境保护竣工验收，未履行建设项目安全设施"三同时"程序，擅自从事生产经营活动。另外，该公司组织工人在未经安全验收的车间使用易燃易爆物品清洗生产设备和地面，并且未采取可靠的安全措施。

（2）违反安全管理制度，危险作业是事故的直接原因。

事故车间流入车轴装配总线地沟内的稀释剂挥发产生的可燃气体与空气混合形成爆炸性混合物，遇现场电焊作业产生的火花引发爆炸。

（3）市场监督管理部门（安全监管）履职不力是事故的间接原因。

顺德区和街道两级市场监管局作为辖区安全生产综合监管协调部门，对指导督促各镇街、村居和有关职能部门开展安全生产隐患排查和执法检查工作力度不足。特别是顺德区市场监管街道分局通过签订责任书等方式，将安全生产日常巡查监管职能转移给不具备任何监管和执法资格的村（居），造成对事发企业易燃易爆物品的储存和在特种作业人员持证上岗监督、对企业主要负责人和安全生产管理人员进行安全生产培训等事实上玩忽职守、流于形式。部分公职人员在事故发生后还授意相关人员在《顺德区基层安全监督检查表》（三份）上弄虚作假并知情不报，严重干扰了事故调查。

3. 事故防范和整改措施

（1）落实生产经营单位的安全生产主体责任。某公司及同类机械装备制造业企业要把保护从业人员的生命安全放在首位，决不能以牺牲员工的生命为代价换取经济效益。要按照法律法规的规定，认真落实建设项目工程质量、环境保护、消防安全以及安全生产等相关法律法规的规定，依法依规建设项目和投入使用；要设置安全生产管理机构，或者依法配备专兼职安全管理人员，明确安全生产工作职责；应健全和落实以安全生产责任制为核心的各项规章制度和各岗位操作规程；要开展事故风险分析，按规定设置风险公告栏、公告卡、安全标志、安全操作要点等内容，及时更新并建立档案，制定应急预案并组织演练，做好应急准备；要加强岗位和设备、设施及其运行的安全检查，发现隐患应当停止操作并采取有效措施解决，坚决防范违章指挥、违规作业、违反劳动纪律的行为；要把安全生产"一岗双责"制度落实到生产、经营、建设管理的全过程，做到安全投入到位、安全培训到位、基础管理到位、应急救援到位，确保安全生产。

（2）加强企业检维修作业、停产复产和易燃易爆物品的使用管理。某公司及同类机械装备制造业企业要严格落实节日停产检修和复产验收安全制度，认真确认动火、用电、高处作业、吊装等特种作业安全条件并规范审批程序；要做好设备设施的清理处置和维护保养，全面检查或清空停产有关装置、设备设施及管道内的危险物料。各类易燃易爆物品使用单位的建筑和场所必须符合《建筑设计防火规范》GB 50016（2018 版）等有关规定，电气设备必须符合防爆标准，生产设备与装置必须设置消防安全设施并定期保养，易产生静电的生产设备与装置必须设置静电导除设施并定期检查，从业人员必须经培训合格后上岗；要根据易燃易爆物品的种类、危险特性以及使用量和使用方式，严格控制和消除可燃物、着火源，落实预防措施，保证易燃易爆物品的储存和使用安全；要加强动火作业的现场监护，落实动火作业各责任人的职责和防火防爆措施，严禁在易燃易爆环境下违规动火作业。

（3）强化政府安全生产监管工作。各级党委、政府及其有关部门要深刻吸取事故教训，牢固树立安全发展理念，始终把人民群众生命安全放在第一位，正确处理安全与发展速度的关系，建立健全安全生产责任体系，坚守安全生产红线，增强底线思维，切实抓好安全生产工作，做到党政同责、一岗双责、齐抓共管；要建立与本地区安全监管任务相适应的监管体系，进一步加强各级安全监管执法力量，解决基层安全监管人员配备不足、工作能力不强等问题；要把好准入和监督关，加强建设项目工程质量、环境保护、消防安全以及安全生产等方面的审批、核准、验收、备案等；要科学制订本地区、本部门重点监管单位名录，做到分级负责、分类督导，依法切实履行本地区、本部门安全监管职责，杜绝以下放、委托、取消等方式"一放了之"，造成监管不落实的现象；要建立并落实依靠专家查隐患、促整改的工作制度，通过政府向有实力的社会组织购买服务，加强对生产经营单位关键部位、危险作业场所的督查检查，督促其采取有效措施消除事故隐患，确保隐患排查治理工作取得实效。

（4）严厉打击工程建设等各类非法违法行为。各级党委、政府及其有关部门要针对本地区打非治违工作中存在的突出问题，依法严厉打击各类生产经营单位未批准先动工以及未履行竣工验收程序擅自交付使用试生产的行为，坚决遏制"先上车后补票"、甚至"不补票"的情况发生；严肃查处安全生产责任制不落实、安全生产和消防安全规章制度不健全、从业人员未经培训合格上岗和需持证人员无证上岗、操作规程不完善，现场安全管理混乱，违章指挥、违规作业、违规使用易燃易爆物品等各类非法违法行为，特别要严厉打击焊工、电工等特种作业人员无证上岗作业行为，规范安全生产法治秩序；要严格落实停产整顿、关闭取缔、上限处罚和严厉追责的"四个一律"执法措施，集中整顿一批、处罚一批、停产一批、取缔一批典型非法违法企业；要加大事故责任追究力度，依法严惩因非法违法生产经营建设行为导致事故发生的责任单位及责任人。

（5）加强安全教育培训工作。某公司及同类机械装备制造业企业必须牢固树立"安全培训不到位就是重大隐患"的理念，切实做到员工未培训到位不能生产经营；要全面落实持证上岗和先培训后上岗制度，实现"三项岗位"人员100%持证上岗，以班组长、新员工为重点的企业从业人员100%培训合格后上岗；要强化实际操作和现场安全培训，加强特种作业人员管理，未经培训取得特种作业操作资格证的，不得上岗作业，切实提高各类员工尤其是危险工序关键岗位员工的安全意识和操作技能。地方党委、政府及其有关部门要加强安全生产培训教育，对本地区各类生产经营单位及各级党委、政府领导班子及各有关部门工作人员开展全面的安全生产能力培训，做到"全覆盖"；要采取多种形式普及安全生产法律、法规和安全生产知识，开展群众性安全生产知识培训宣传；新闻、出版、广播、电视等单位要加强安全生产公益宣传，不断提高全民安全素质，从源头和根本上减少各类事故的发生。

二、宁波市镇海区某再生公司"6·29"较大爆炸死亡事故

1. 事故简介

2016年6月29日14时23分左右，宁波市镇海区某再生公司在对废旧金属进行拆解过程中，发生爆炸事故，共造成3人死亡，2人重伤，直接经济损失436万余元。

2. 事故经过及救援

2016 年 6 月 29 日 14 时左右，任某、汤某、赖某、钟某 4 人在地磅旁分拣带杂质废铜，訾某在靠办公室西南墙角处使用砂轮切割机对任某等分拣出来的废旧金属进行分解。14 时 20 分，任某起身进入办公室。14 时 22 分，任某走出办公室，走向分拣处。此时，温某在磅房内，徐某在厨房内，董某在办公室内。14 时 23 分，现场发生爆炸。

爆炸发生后，董某、温某、徐某等人立即报警，并开展灭火和找寻现场作业人员等自救工作。接到报警后，当地公安、消防、120 急救中心、安监、街道等救援力量先后赶到现场开展救援。经现场搜救，赖某、訾某两人已死亡，任某、汤某、钟某 3 人立即被送往医院抢救。其中，任某因伤势过重，于 2016 年 6 月 30 日经抢救无效死亡。汤某、钟某两人经抢救，已脱离危险，当时伤势平稳，仍在治疗当中。

爆炸还造成事故厂棚、办公室、门卫、磅房、厨房（餐厅）的部分窗户、顶棚、吊顶和外墙不同程度变形、破裂、掉落，事故厂棚内停放集装箱卡车和小轿车被不同程度击穿、损坏，爆炸点水泥地面出现直径约 60cm，深约 10cm 的炸坑。

3. 事故原因

（1）直接原因

董某等人在不了解爆炸物性质及拆解风险的情况下，对其进行了拆解，并将拆解出的爆炸性粉末随意弃置并堆积在地面。2016 年 6 月 29 日 14 时 23 分，訾某使用砂轮切割机分解废旧金属时产生的火花引燃爆炸性粉末，导致爆炸。

（2）间接原因

1）某再生公司未认真履行安全生产主体责任，安全生产管理不到位。

未认真组织开展进口废旧金属分拣、拆解隐患排查治理，未能及时发现并消除存在有爆炸物的隐患。

未按规定开展安全生产教育培训，导致现场作业人员安全意识淡薄，对进口废旧金属分拣、拆解的安全风险辨识能力和安全操作技能不足。

对进口固体废物的来源、拆解等情况登记不清，管理混乱，无法说明事故爆炸物来源。

2）某世纪公司委托某再生公司对进口废旧金属进行保管、安全保卫及杂质分离后，未按规定明确双方安全生产管理职责，对其安全生产工作统一协调、管理和检查不到位，未及时发现其存在的安全生产隐患。

3）某公司将事故场所租赁给某世纪公司后，未按规定明确双方安全生产管理职责，对其安全生产工作统一协调、管理和检查不到位，未及时发现其存在的安全生产隐患。

4）镇海区商务局未正确履行行业安全生产监管职责，未按规定落实镇海金属园区内再生资源回收利用企业的监管责任，对某再生公司存在的安全生产隐患失察。

5）镇海区人民政府对再生资源回收利用行业安全生产工作领导不力，督促相关部门履行再生资源回收利用行业安全生产监管职责不到位。

4. 事故防范和整改措施

（1）把安全生产工作摆在更加突出的位置。地方党委、政府及各地党委、政府要牢固树立科学发展、安全发展理念，坚决守住"发展决不能以牺牲人的生命为代价"的红线，进一步加强领导、落实责任、明确要求，理顺和落实各行业安全监管职责，切实消除安全生产监管的漏洞和盲区；要进一步加强对再生资源回收利用行业和产业集聚区，特别是进口废旧金属回收利用行业安全监管，优化产业结构，推动行业转型升级，切实加强源头治理，着力解决突出问题，努力提高地区、行业安全生产工作整体水平，遏制再生资源回收利用行业生产安全事故多发趋势，防范事故发生。

（2）强化固体废物进口源头管理。海关、商检等部门要根据固体废物进口风险性及安全监管特点，进一步完善相关监管制度，加强对进口固体废物特别是进口废旧金属的监管，增加固体废物进口企业及认证企业的查验频次；要进一步优化监管手段，不断提高监管设备、设施、方法的科学化、智能化，着力提升固体废物进口监管水平；要进一步加大固体废物进口行政执法力度，从严查处进口环节中违法违规行为，切实强化源头管理，防止放射性、易爆性、有毒有害等禁止进口危险性物品流入。

（3）落实再生资源安全监管职责。镇海区商务局要认真履行再生资源回收利用行业监管职责，切实消除监管盲区，加大监管力度。市、县两级再生资源回收利用行业主管部门要深刻汲取事故教训，举一反三，切实落实行业监管职责。环保、公安、市场、建设、规划、安监等相关部门要根据部门工作分工，严格落实再生资源回收利用部门监管和综合监管职责，强化沟通和配合，切实加强对再生资源回收利用，特别是废旧金属再生资源回收利用行业安全生产工作，加大打非治违和隐患排查治理力度，有效防范事故发生。

（4）落实生产经营单位安全生产主体责任。某再生公司、某世纪公司等废旧金属分拣、进口单位要深刻汲取事故教训，举一反三，强化对废旧金属进口、分拣的安全生产管理，严格按照进口废物各项标准、要求和产业特点，认真开展废旧金属进口风险评估、危险源辨识和隐患排查治理工作，加强废旧金属进口、运输、装卸、分拣全过程安全监控、管理，落实各项安全防护措施，对进口、分拣过程中发现的不明物品和放射性、易爆性等禁止进口危险性物品，要立即上报相关部门，并按要求妥善处置；要按规定开展安全生产教育培训，切实加强员工对废旧金属进口、分拣风险的辨识，掌握相关安全生产知识和安全操作技能。某世纪公司、某公司等项目、场所发包、出租单位，要明确与承包、承租单位之间的安全生产管理职责，做到"谁出租、谁负责"，"谁发包、谁负责"，切实加强对承包、承租单位安全生产工作的统一协调和管理，检查、督促承包、承租单位认真组织开展隐患排查治理，及时消除事故隐患。

三、牡丹江某实业公司"9·15"一般爆炸事故

1. 事故简介

2017 年 9 月 15 日 8 时 50 分，牡丹江某实业公司发生一起爆炸事故，该公司在位于矿山东路的厂区内进行废旧空置硫酸储罐拆除作业过程中发生爆炸，一名焊工被爆炸产生的冲击波崩击致死。

2. 事故经过

2017 年 9 月 14 日下班前，牡丹江某实业公司生产经理尹某向工人王某、焊工马某和吊车司机梁某布置了第二天的工作，内容为王某与马某负责新线车间电线拆除，梁某负责厂区内硫酸池的拆解与硫酸储罐的吊装拆除。

2017 年 9 月 15 日 7 点 30 分左右，王某到场看见马某与梁某正在进行硫酸储罐吊装拆除，便过去帮忙。由于储罐无法穿挂吊装用的钢丝绳，马某决定在硫酸罐口旁打孔以便穿挂钢丝绳起吊，马某负责用气割切割打孔，王某在罐池边负责打孔后穿挂钢丝绳，梁某负责用吊车起吊。在吊出北侧两个储罐后，3 人准备按同一方式起吊第 3 个储罐，由于此储罐罐口盲板固定螺栓锈蚀，无法打开，马某便骑坐在储罐上用气割切割罐口，以便穿挂钢丝绳起吊。8 时 50 分左右，在马某切割罐口过程中罐体突然发生爆炸，储罐被炸裂斜倚在罐池边，吊车驾驶室玻璃被振碎，梁某和王某被轻微划伤、马某不知所踪。听到爆炸声响赶来的厂内人员将梁某和王某送往医院，开始找马某，并向生产经理尹某、业务经理徐某电话报告了事

故情况，两人相继赶到事故现场，组织工人继续寻找马某，最后在厂区罐池旁的 4 层厂房楼顶将已经死亡的马某找到。马某经市公安局刑事技术支队确认为爆炸致死。

这起事故造成 1 人死亡，直接经济损失约 140 万元。

3. 事故原因

（1）直接原因

1）酸罐池内因自然积水导致酸罐底部腐蚀脱落，酸罐内的挂壁浓硫酸被逐渐稀释，稀硫酸与碳钢罐壁反应产生氢气，罐壁腐蚀脱落的残渣积聚在罐底，产生氢气被密闭积聚在罐内上部空间，与空气中的氧气混合形成达到爆炸极限的氢氧混合气体。

2）马某违章动火作业，切割罐体，导致罐内氢氧混合气体遇明火引起爆炸。

（2）间接原因

1）牡丹江裕兴实业有限公司安全教育培训落实不到位，没有严格教育和督促从业人员严格遵守和执行安全生产规章制度和安全操作规程，作业人员安全技术知识缺乏。

2）牡丹江某实业公司安全管理不严，动火作业安全防范措施制定不全面，未采取置换、通风、隔离等有效措施，且未安排相关人员对动火作业和吊装作业进行全程有效监护。

4. 事故防范和整改措施

这起事故暴露出牡丹江某实业公司未严格按照《中华人民共和国安全生产法》落实企业安全生产主体责任，企业安全教育培训不到位、致使从业人员安全意识淡薄、作业人员违章操作、现场安全管理缺失、特殊作业管理混乱，为深刻吸取事故教训，避免类似事故重复发生，提出如下整改措施：

企业要严格贯彻执行安全生产的相关法律法规，确保安全生产主体责任落实到位。

一是要集中组织全面排查厂区内危险场所和隐患部位，尤其是针对设备设施、作业环境，实行隐患风险告知，建立风险及隐患台账，制定有针对性的风险管控及隐患整改措施。

二是要健全企业安全生产管理制度。要严格按照《中华人民共和国安全生产法》、《黑龙江省安全生产条例》、《牡丹江市企业安全生产主体责任规定》要求，认真研究如何贯彻落实安全生产的法律法规，落实安全生产的主体责任。加强安全管理，从建章立制、安全教育培训、劳动防护等方面入手，落实安全岗位责任制，建立完善安全管理制度和各岗位安全操作规程。

三是要强化安全生产教育培训工作。主要负责人和安全管理人员应取得安全合格证书，教育从业人员牢固树立安全第一的理念，全面提高从业人员遵章守纪的自觉性。教育培训工作要有针对性，培训内容要切合岗位实际，切实提高安全意识和自我防范能力，建立完善的教育培训制度档案，确保特种作业人员持证上岗，从根本上杜绝此类事故再次发生。

第二节　违章作业引起的事故

一、大庆某石化厂爆炸事故

1. 事故经过

2004 年 10 月 27 日，大庆某石化厂工程公司，大庆某石化分公司炼油厂在硫磺回收车间切割酸性水汽提装置 V402 原料水罐罐顶的 DN200 排气管道作业中，引爆 V402 罐泄漏出的爆炸性混合气体，发生重大爆炸事故。爆炸导致 2 人当场死亡，5 人失踪。2004 年 10 月 29 日 13 时，5 名失踪人员遗体在 V402 罐内找到，事故共造成 7 人死亡。

2. 事故分析

这是一起典型的在装置检修工程中发生的由于"三违"作业造成的重大安全生产责任事故。主要原因有：没有查明原因就急于修复开裂的 V403 罐顶；施工作业风险评价中对相连的 V402 罐存在的风险考虑不足，方案不够细致，操作性不强，工作计划不周密；违反用火安全管理制度，擅自降低动火作业级别，将一级用火自行降低为二级用火作业，且在作业现场盲板尚未安装完毕，也未对动火地点及动火管道进行爆炸气体采样分析的情况下开具用火作业票；此外，相关人员安全生产意识不强，违章指挥，违章操作，监督管理不到位。一系列"三违"行为没有得到有效监督：2004 年 10 月 24 日，V403 罐内物料尚未倒空，车间组织施工单位即在现场进行检修作业前的准备工作；2004 年 10 月 27 日上午 8：30，车间未对 V403 罐检测就开出了"V403 罐内动火作业票"，允许施工作业人员进入 V403 罐内作业。而且车间实际动火时间是 9：40，动火时超过规定时限；所有准备工作都是针对 V403 罐所做的，而现场作业对象是 V402 罐；起重机械违章吊拉 V402 与 V406 罐连接管道加装盲板；施工单位气焊工未经培训且无特种作业工作证，各级安全监督都没有进行有效查验。

二、北京"12·14"较大生产安全事故

1. 事故简介

2009 年 12 月 14 日 10 时 40 分左右，北京某气体公司组织化三建公司项目部在实施炭黑水生产设备加装空冷器作业过程中，作业人员在使用气焊切割炭黑水罐顶部上方输水管线时，引发炭黑水罐体内聚集的可燃气体爆燃，罐体飞落至北侧厂房顶部（约 12m 高），导致罐顶上的 3 名作业人员当场死亡。

2. 事故经过

2009 年 12 月 14 日上午 8 时许，化三建公司技术员牛某电话告知陈某准备在炭黑水罐上方管线进行空冷器连接作业，并让其通知化工四厂停止供应炭黑水。8 时 10 分左右，化三建公司高某、李某、李某、程某、李某、戚某 6 人到空冷器作业现场进行空冷器管补漆、组装和连接作业的准备工作。陈某也指派炭黑车间负责人孟某带领监火工李某到达作业现场，具体指挥接管作业。9 时 40 分左右，陈某赶到作业现场后，电话通知北京某气体公司总经理吴某，由其电话通知化工四厂丁辛醇造气装置车间停止供应炭黑水。9 时 50 分左右，该车间停止炭黑水供应。10 时 30 分左右，孟某在炭黑水储罐顶部通知正在罐体下方给空冷器管补漆的李某和程某，到罐体顶部切割水管，安装阀门。李某和程某按要求携带气割工具上到罐顶后，程某让李某到地面重新测量预置阀门尺寸。孟某让李某到罐顶运送材料。10 时 40 分左右，李某在地面将阀门尺寸后告诉程某后，程某用气焊切割距离罐顶敞口处 1m 左右的输水管线。管线刚刚切透，炭黑水储罐内气体随即发生爆炸，罐体底部开裂，整个罐体飞到北侧三层楼顶部，站在罐顶的孟某、李某、程某被抛落至罐体周边地面。

3. 事故原因

（1）直接原因

炭黑水储罐内聚集的可燃气体达到爆炸极限、现场负责人违章指挥动火作业，是造成该起事故的直接原因。

经调查分析，来自化工四厂丁辛醇造气装置的炭黑水，通过密闭管线输送给北京某气体公司，输送过程中炭黑水中夹带有微量的一氧化碳、甲

烷等可燃气体，可燃气体在炭黑水储罐内长期聚集，达到爆炸极限，遇明火发生爆炸。

施工现场负责人孟某在未按照规定开具相应级别用火票、未对动火地点周边罐体内的气体进行检验检测的情况下，贸然指挥作业人员切割管线，导致罐内气体遇明火发生爆炸。

（2）间接原因

北京某气体公司对炭黑水储罐内的危险因素认知不够，安全用火管理混乱；化三建公司对员工安全管理不到位，化三建公司测量工程某无特种作业证切割管线，是造成该起事故的间接原因。

北京某气体公司虽制定了《安全用火管理制度》，但贯彻落实不到位，未按照本单位安全用火相关管理规定办理炭黑水罐顶部上方管线切割用火票；安全员在用火票审批人栏内随意代签；未检验检测炭黑水罐内是否有可燃气体。

化三建公司对现场作业安全管理不到位，施工作业人员未认真核对北京某气体公司出具的用火票内容，按照北京某气体公司的违规要求实施动火作业；该单位作业人员程某无特种作业人员操作资格证进行气焊切割作业。

4. 事故防范和整改措施

（1）北京某气体公司要认真吸取本起事故教训，进一步完善和严格落实用火管理制度；加强对从业人员的安全培训教育和动火作业的安全检查；明确与化工四厂的生产边界及相关安全管理责任；进一步加强对本单位各个生产环节的隐患排查，全面落实国家和市有关隐患排查的各项管理规定；进一步完善炭黑提取工艺，在炭黑水进入生产原料储罐前加装控制阀门；加强对外施单位的安全管理和监督检查，做到技术交底清楚。

（2）化三建公司要从本起事故中吸取深刻教训，加强施工现场安全管理，认真落实安全生产岗位责任制度。同时，要加强对特种作业人员的管理，严禁无证上岗作业，杜绝违章作业现象。

（3）化工四厂要强化对"厂中厂"的安全管理，进一步明确与厂区内其他生产经营单位的安全管理责任；强化对各生产环节和生产工艺的管控，对使用其产品的下游生产经营单位，明确告知可能存在的危险因素；加强对单位员工特别是检验检测人员的管理，严格执行各项安全管理制度。

三、枣庄市薛城区"3·27"较大爆炸事故

1. 事故简介

2018 年 3 月 27 日，在枣庄某实业公司对外出租的废旧仓库内，河北省邯郸市广平县人张某、李某、武某借用枣庄某商贸有限公司营业执照进行非法建设时，发生一起爆炸事故，造成 9 人死亡、3 人受伤，直接经济损失约 900 万元。

2. 事故经过

2018 年 3 月 27 日下午，张某、李某、武某、刘某、刘某平组织工人，在租赁的某实业公司原设备仓库内，进行非法建设。16 时 52 分，现场施工人员在对一碳钢罐阀门进行动火作业过程中，碳钢罐突然发生爆炸。

3. 事故原因

（1）直接原因

现场施工队伍不具备资质处置废旧罐体，施工作业前未采取清洗、置换、检测等安全措施，违规动火作业产生的高温或火花引爆罐体内残留的 2，6－二硝基苯酚，加之罐体相对密闭，导致爆炸破坏力加强。

（2）间接原因

1）张某、李某、武某、刘某、刘某等人安全意识、法律观念淡薄，冒用工商营业执照，雇用不具备安全资格的施工队，非法组织建设；未建立安全生产责任制、安全生产规章制度和操作规程，未对作业人员进行安全教育培训，未履行安全生产管理职责，未制定动火作业方案、办理动火作业票证以及未采取安全措施，未进行安全技术交底，未安排专人进行现场安全管理等。

2）某商贸公司落实安全生产主体责任不到位，以公司名义办理租赁仓库事宜，且未履行安全管理职责，未对租赁仓库的建设现场进行安全检查，未及时发现并制止非法建设行为。

3）某实业公司落实安全生产主体责任不到位，未与承租单位签订专门的安全生产管理协议或者约定各自的安全生产管理职责；履行安全管理职责不到位，未对承租单位的安全生产工作进行有效的统一协调、管理，未对承租单位定期进行安全检查，对承租单位非法建设行为失查漏管，放任承租单位非法行为的实施。

4）集团公司未有效督促检查某实业公司贯彻落实安全生产法律法规

规章，对该公司安全生产工作存在的问题和薄弱环节失查漏管。

5）区安监局履行安全生产监督管理职责不到位，未有效监督管理实际管辖的企业落实安全生产主体责任。

6）区政府履行属地安全生产监督管理职责不到位，网格化监管工作不深入、不细致，安全生产"打非治违"工作存在漏洞和盲区。

4. 事故防范和整改措施

针对这起事故暴露出的突出问题，为深刻吸取事故教训，进一步加强和改进安全生产工作，有效防范类似事故再次发生，提出如下措施建议：

（1）切实强化安全生产责任落实。各级各部门要深刻吸取事故教训，清醒认识安全生产工作的艰巨性、复杂性和反复性，切实提高政治站位，强化责任担当，时刻以如履薄冰、如临深渊的谨慎态度和深严细实的工作作风，不断增强做好安全生产工作的压力感、责任感和紧迫感。认真贯彻落实中央、省委安全生产领域改革发展意见和《地方党政领导干部安全生产责任制规定》，强化党政同责、一岗双责、齐抓共管、失职追责，坚持管行业必须管安全、管业务必须管安全、管生产经营必须管安全，切实承担起"促一方发展、保一方平安"的政治责任，做到守土有责、守土负责、守土尽责，坚决遏制各类事故的发生。全市生产经营单位要按照"安全生产主体责任落实年"活动部署要求，全面落实从企业董事长、总经理到员工的全员安全生产责任制，确保实现安全生产。

（2）严厉打击安全生产非法违法行为。各级各部门要始终保持高压态势，加大明查暗访、联合执法的力度，重拳打击利用租借厂房、闲置库房等进行非法违法生产经营和储存、客车客船非法运营、矿山企业无证开采、油气管道乱挖乱钻、危化品非法运输无证经营、"三合一"生产经营场所等各类非法违法行为，依法严格严厉处置。充分发挥舆论和群众监督的作用，充分发挥村（居）安全监督员的作用，充分发挥举报奖励的激励作用，鼓励广大群众和企业职工举报非法违法案件和存在的问题隐患，第一时间受理、第一时间核查、第一时间处置，确保及时消除非法违法行为。

（3）突出重点环节执法检查。各级各部门各单位要将生产经营单位危险性作业环节纳入执法检查重要内容，对因环保停产、煤改气等生产经营行为，要严格依法依规，强化重点环节执法检查。对企业停产停工、不具备安全生产条件的租赁行为，要严厉打击，坚决禁止。加强对废旧油罐处置的安全监管，逐一查清所有人和流向，未经置换清洗，不得随意切割改造；未能安全处置的，要立即回收并安全处置。严厉打击油罐非法交易行为，从源头上斩断油罐非法交易链条。对名义上为一般工商贸企业，实际上从事危险物品生产、储存和使用的非法违法行为，重拳出击，绝不养痈为患。突出动火、有限空间、起重吊装、临时用电、抽堵盲板、检维修、开停车、动土、爆破、高处作业等危险性作业，加大检查频次，避免因违章作业造成事故。配备齐全危险性作业必备的器材装备，编制并演练相应的应急预案，确保各项作业环节安全。

（4）加快推进风险分级管控和隐患排查治理双重预防体系建设。各级各部门要把双重预防体系纳入到各项执法检查工作中，发现企业应判定而未判定为重大风险、重大风险没有实施最高管理层级管控，且未严格落实管控措施和管控责任的，一律确定为重大事故隐患，一律进行挂牌督办、公开曝光，依法责令停产停业、限期整改；逾期仍达不到要求的，一律依法予以关闭。把风险挺在前面，将双重预防体系建设情况作为发放安全生产许可证的必要条件，严把准入关、审核关。安全生产风险大、不可控，不符合当地经济社会安全发展条件的一律不予准入。加大激励惩戒力度，将企业双重预防体系建设运行工作纳入社会诚信体系建设，对双重预防体系建成并运行良好的企业，纳入诚信行为企业名单；对未开展双重预防体系建设工作或工作流于形式的，纳入失信行为"黑名单"管理，实行联合惩戒。

第三节　安全投入不足引发的事故

昌平区"1·9"燃气泄漏事故

1. 事故经过

2013年12月4日，昌平区某开发商北京某房地产开发公司与北京某燃气公司签订协议，对2004年竣工的某小区6栋楼、492户使用压缩天然气供气的居民小区实施天然气置换改造。

北京某燃气公司确定该工程由北京天环某公司为施工承包单位，北京市某监理公司为监理单位。

北京天环某公司承接工程后，将其中的沟槽开挖、铺管、回填作业等工程交由现场负责人王某承担。王某委托张某个人来组织具体施工，并由王某个人与张某进行工程款结算。

2014 年 1 月 8 日上午，现场施工人员张某带领作业人员和挖掘机进行开挖施工。张某让挖掘机将水泥路面挖开后，继续使用挖掘机沿南北方向开挖了长 3m、宽 0.6m 左右的沟槽。在作业人员的配合下，挖到 DN300 中压天然气管道管顶后，停止当天施工，并通知北京天环某公司现场施工负责人王某次日安排人员对 PE 塑料管进行焊接。

2014 年 1 月 9 日 15 点 30 分至 16 点，王某找来的焊工完成 PE 塑料管焊接。张某让孙某和王某用汽油喷灯给钢塑转换管做防腐处理。17 点左右，孙某和王某在沟槽内手持喷灯进行管道防腐作业时，发生天然气泄漏燃烧，2 人迅速跑出着火区域。在整个施工作业过程中，现场没有监理人员和现场施工负责人实施监督。

在接到天然气泄漏燃烧报警后，当地的有关部门主要领导立即疏散周边居民 120 户、360 人。抢险过程中共出动公安、消防、交通等保障人员约 80 人、车辆 15 辆。

2. 事故分析

调查发现，这是一起典型的安全投入不足引发的事故。施工单位、监理单位和上级管理单位都不同程度存在违规违法行为。其中北京天环某公司作为本工程的施工单位，施工现场安全管理工作缺失：一是使用不具有劳务资质的张某等个人进行工程施工，造成了严重的事故隐患；二是监理单位安全监理不到位，没有检查制止施工单位的违规行为；三是北京某燃气公司没有履行安全协议中的建设单位管理职责，监督检查责任严重缺失；四是市燃气公司对下属单位安全管理存在着重大的问题。

3. 事故原因及性质

（1）直接原因

北京天环某公司在该小区压缩天然气置换管道天然气工程施工中，发生中压燃气管道泄漏；施工作业人员违规进行动火作业，致使泄漏燃气燃烧。

（2）间接原因

北京天环某公司作为本工程的施工单位，现场安全管理缺失；监理单位的安全监理不到位。

（3）事故性质

事故调查组认定，该起事故是一起生产安全责任事故。

第四节　安全教育不足引发的事故

一、某石油公司储罐爆炸事故

1. 事故经过

2008 年 10 月 19 日，某石油公司位于某国的一个工程项目施工中，2名承包商员工在 3 个内部连通的原油储罐上进行焊接作业。当他们在其中一个储罐顶部的排放孔周围焊接托架时，由于储罐内部是连通的，流入到旁边储罐中的油品把可燃气体驱逐到被焊接的储罐，排空管排出的可燃气体遇到焊接火花后被点燃发生爆炸，导致 2 名承包商员工死亡。

2. 事故分析

事后发现，该公司未建立选择和监督承包商的正规程序，没有书面记录证明这 2 名承包商员工接受过安全动火作业培训。在焊接前和焊接过程中都未对可燃气体进行监测。某石油公司没有建立正式的动火作业程序要求，未对动火作业做出书面许可，也未授权专人负责动火作业管理。

这是一起典型的由于对施工作业人员安全教育不足引发的事故。

二、某农产品公司爆炸事故

1. 事故经过

某农产品公司准备对一台旧储罐进行维修，用来储存柴油。2009 年 3月 31 日，2 名实施维修作业的员工不知道该储罐中存有以前用剩的烃类液体和气体，作业前也未对储罐进行清理或吹扫。当他们用氧乙炔炬在罐顶松动设备时，罐体受热发生爆炸，罐顶被炸飞，2 名作业人员的身体均被烧伤 30%～50%。

2. 事故分析

该公司许多员工只会说西班牙语，却未接受过西班牙语的安全动火作业程序或气体检测器使用方法的培训，相关安全教育明显不足。此外，该公司没有正规的动火作业计划，也未发放动火作业许可证。没有制度要求在进行动火作业前，要对可燃气体进行检测，因此，在实际作业中也未实施。

三、中国某建设公司"5.9"一般闪燃事故

1. 事故简介

2017年5月9日17时17分左右，中国某建设公司在位于天津市滨海新区某产业园区的天津某化工公司院内，对停用的有机热载体锅炉连接管道进行拆除作业时，发生一起一般闪燃事故，造成1人死亡。直接经济损失约为247万元。

2. 事故经过

2017年5月9日15时左右，中国某建设公司的现场负责人苏某安排管工黄某、焊工谢某（持证）和辅助工周某、李某4人为一个班组进行有机热载体锅炉连接管道的拆除及现场新管道预制作业，黄某为负责人。天津某化工公司安排当班工人王某远对此次施工进行监护。

黄某等4人到达准备拆除的有机热载体锅炉连接管道所在的管廊后，黄某安排谢某和李某去工棚里做新管道预制准备工作，黄某和周某到施工现场进行前期拆除工作。周某从库房将氧气瓶和乙炔瓶运到现场后，16时13分左右，周某同黄某上到管廊上拆除导热油管道上的保温棉，王某远在现场进行监护，16时45分左右，王某远去休息，王某勇来接替王某远进行监护。保温棉拆完后，黄某和周某用扳手拆卸导热油管道节门法兰的螺栓，由于螺栓锈死，无法拆卸，16时50分左右，黄某从管廊下到地面开始连接焊枪，周某在管廊上用安全带将焊枪拉上管廊，黄某在地面上打开氧气瓶和乙炔瓶的瓶阀，之后黄某上到管廊上，让周某下去将拆掉的保温棉等垃圾运走，17时12分左右，黄某在管廊上用气割切割锈死的螺栓，17时17分左右，管道内残留的导热油突然发生闪燃，黄某被烧死，并坠落到地面。

3. 事故原因

（1）直接原因

黄某违规用气割切割有机热载体锅炉管道连接管道法兰螺栓时，焊枪的火焰引燃了管道内残留导热油挥发的可燃气体，发生闪燃。

（2）间接原因

1）北京某建设公司未履行安全生产主体责任。对施工人员缺乏安全培训，黄某等人仅培训不足2h，不具备必要的安全生产知识，不熟悉有关的安全生产规程制度和操作规程，不掌握本岗位的安全操作技能，盲目上岗作业；未落实安全事故隐患排查治理工作，没有采取技术、管理措施

及时发现并消除管道拆除施工中的事故隐患；未向黄某等从业人员告知作业场所和工作岗位存在的危险因素和防范措施。

2）天津某化工公司未履行安全生产主体责任，教育和督促本单位现场监护人员严格执行本单位的安全生产规章制度和安全操作规程缺失。

未履行发包方安全生产的职责。对承包单位的安全生产工作统一协调、管理、定期检查不到位。开具的动火作业票对动火区域和动火内容叙述不清，导致作业人员不能准确定位；对动火作业票未做到全程严格控制。安排的现场监护人员履行职责不到位，未按照动火作业票的要求进行现场监护，未能及时制止北京某建设公司施工人员违规动火的行为。在动火作业票终止时间前，只是通知施工队长停止作业，但未到现场进行告知。消除事故隐患，确保拆除作业安全。

3）监理公司未履行监理职责。对北京某建设公司报送的检修拆除施工方案进行审核后未教育和督促监理人员严格执行本单位的安全生产规章制度和安全操作规程，履行对有机热载体锅炉连接管道拆除工程的监理职责；未能及时发现并消除北京某建设公司施工人员无特种作业证上岗和违规动火的行为。

4. 事故防范和整改措施

1）北京某建设公司

北京某建设公司要深刻反省，吸取教训，举一反三，按照《中华人民共和国安全生产法》等法律法规的规定和企业安全生产责任制落实企业主体责任。加强对作业票的管理，在作业票流转的过程中，一定要将作业中的危险因素、防范措施等进行详细的交底，要在工程施工时严格审查施工人员的资质，要按照国家有关规定严格落实培训制度，培训教育达不到要求的不得上岗作业；加强隐患排查治理工作，及时发现和消除作业中违章操作行为；向从业人员告知作业场所和工作岗位存在的危险因素和防范措施。

2）天津某化工公司

天津某化工公司要深刻反省，吸取教训，举一反三，认真落实企业安全主体责任，加强对施工项目的审查、监护；完善内部的培训制度，严格按照国家相关法律法规的要求对入场工人进行安全培训；进一步修改完善作业票，做到任务细化明确、危险因素分析明确、防范措施及事故应急措施明确。加强对动火、有限空间等危险作业的管控，要教育和督促本单位现场监护人员严格执行本单位的安全生产规章制度和安全操作规程；加强对承包单位的安全生产工作统一协调、管理、定期安全检查，发现安全问题及时督促整改。

3）监理公司

监理公司要深刻反省，吸取教训，举一反三，要依法、依规、依合同履行监理职责，要教育和督促本单位监理人员严格执行本单位的安全生产规章制度和安全操作规程，落实监理工作，发现安全问题及时督促整改。

第五节　应急措施不到位导致的事故

一、呼伦贝尔市某北方公司"7·5"爆炸事故

1. 事故经过

2015年7月5日，呼伦贝尔市某北方公司在冷凝水罐顶焊接作业时，未严格履行公司《动火作业安全管理规定》，没有停车也未进行采样分析，在没有落实与动火设备相连接的所有管道应拆除或加盲板等安全措施的情况下开始动火作业，导致冷凝水罐内甲苯、丁醇等混合气体发生爆炸，造成3人死亡，直接经济损失314.86万元。

2. 事故分析

这起事故存在未制定设备安装维修施工方案、未对危险有害因素做风险辨识及编制风险控制和现场处置方案；对作业条件确认不到位，办理动火作业许可证时未严格落实规定，甚至未办理完动火作业票便进行动火作业等问题。

二、长沙市天心区某公司"11·10"废弃油罐油气爆炸事故

1. 事故简介

2018年11月10日14时15分许，位于长沙市天心区公司在切割废弃油罐时发生油气爆炸事故，造成1人死亡2人受伤、直接经济损失42万元的后果。

2. 事故经过

2018年11月10日13：00左右，公司员工刘某、范某、杜某辉、杜某明和杜某和5人在某分公司货场内开始工作。范某和刘某分别在距离4号罐3～4m处和10m以外的地方对其他废弃油罐进行热切割。杜某和用

自动出水的往复锯对 3 号罐封头进行冷切割开口作业；杜某辉和杜某明两人合作对 4 号罐封头进行冷切割开口作业，其中杜某辉负责拿不自动出水的往复锯（据伤者杜某辉描述，杜某明负责浇水冷却）。

当天下午 14 点 15 分许，杜某辉和杜某明完成了对 4 号罐封头的左、右、上三边开缝后，正在对下边冷切割开缝时 4 号罐发生闪爆，杜某辉、杜某明以及正在旁边对 3 号罐进行冷切割开口作业的杜某和 3 人受到闪爆的气流冲击后昏迷倒地。事故发生后，正在 10m 以外对其他废弃油罐进行热切割作业的刘某立即拨打 120 急救电话，并通知公司法定代表人黄某。

接到事故报告后，相关区领导、区安监局、区应急办等相关部门，街道主要领导和相关班子成员第一时间赶到事故现场，组织现场救援和相关工作调度，开展事故应急处置和救援工作。120 急救人员到达现场后，确认杜某明已死亡，杜某辉、杜某和 2 名受伤人员送往医院进行紧急救治。目前，两名受伤人员已出院，身体无大碍。

3. 事故原因

（1）直接原因

事故直接原因是废弃油罐中油气挥发分与空气形成爆炸性混合物，杜某辉、杜某和、杜某明切割作业前未对罐内气体进行检测，没有安全置换易燃易爆残留物，经罐体切割开口摩擦高温引起闪爆。

（2）间接原因

1）该公司违反了《中华人民共和国安全生产法》第二十五条，未对从业人员进行安全生产教育和培训；违反了《中华人民共和国安全生产法》第三十八条，未建立健全生产安全事故隐患排查制度；违反了《中华人民共和国安全生产法》第三十六条，在处置盛装过危险化学品的废弃设备时未按照《化学品生产单位特殊作业安全规范》GB 30871 制定动火作业方案、办理动火票证和采取可靠的安全措施。

2）湖南某环境公司违反了《中华人民共和国安全生产法》第三十六条的规定，未严格按照中国石油化工集团公司企业标准中《成品油罐清洗安全技术规程》Q/SH0519 规定对废弃油罐进行清洗、分析。未提供清洗油罐的施工方案和相关审核材料，未向加油站出具清罐作业油气检测记录及油罐清洗作业记录，也未向长沙市天心区某公司出具清罐作业油气检测记录及油罐清洗作业记录。

3）村委对辖区内安全隐患排查不到位。

4）街道办事处对辖区许兴村安全生产工作指导不到位，安全巡查和宣传教育不到位，对辖区存在的安全隐患失察。

4. 事故防范和整改措施

（1）严格落实企业安全生产主体责任。一是全区双层改造加油站和油罐清洗承包单位，要严格按照《中华人民共和国安全生产法》、中国石油化工集团公司企业标准和相关法律法规要求，在油罐清洗作业过程中，要加强安全组织领导、安全教育培训、危害因素识别、办理作业票证、防中毒窒息、防火防爆防静电措施、油罐清洗质量验收等环节的安全工作，做到责任到岗责任到人。二是对于废弃油罐切割单位，要严格按照《化学品生产单位特殊作业安全规范》GB 30871 和相关法律法规要求，对作业人员进行安全培训，制定动火作业方案、办理动火票证和采取可靠的安全措施、并派专人进行现场监护。

（2）严格落实街道、社区（村）属地监管责任。一是要加强安全生产宣传教育工作。街道、社区（村）要采取多形式、全覆盖的方式对辖区生产经营单位进行安全生产进行宣传教育，不断地提高企业的安全意识。二是督促辖区内生产经营单位落实企业主体责任。督促企业负责人建立完善安全生产责任体系，明确各岗位的安全生产职责，严格安全生产绩效考核和责任追究制度；建立健全并严格执行各项管理制度和安全操作规程；全面彻底排查和治理安全隐患。三是加强安全巡查。对重点领域进行专项整治以及隐患排查治理工作，及时消除事故隐患。

（3）严格落实行业主管部门的监督管理责任。一是安监、质监、环保、公安、商务和旅游等相关部门要依据相关法律法规，严格落实行业监管职责，督促生产、储存和使用危险化学品的单位在转产、停产、停业或者解散时，采取有效措施及时、妥善处置其危险化学品生产装置、储存设施以及库存的危险化学品，加强现场安全管理，避免类似事故发生。二是加强对废弃油罐处置的安全监管，逐一查清所有人和流向，未经置换清洗，不得随意切割改造；未能安全处置的，要立即回收并安全处置。严厉打击油罐非法交易行为，从源头上斩断油罐非法交易链条。三是严厉打击安全生产违法行为。各部门要始终保持高压态势，加大明察暗访、联合执法的力度，重拳打击违法行为，依法严格严厉处置。

三、平乡县某加油（气）站"6·15"爆燃事故

1. 事故简介

2015 年 6 月 15 日上午 7 时 40 分，平乡县某加油（气）站在维修输油

管道过程中动火作业时发生爆燃，造成一人重伤、一人轻伤。2015年6月30日重伤者（曲智豪）死亡，直接经济损失85万元。

2. 事故经过

2015年6月初，平乡县某加油（气）站在实验调整加油机时发现加油机（汽油）抽不出油。平乡县某燃气有限公司负责人李某联系谢某（此次维修作业活动联系人），对该站部分输油管道进行维修作业。2015年6月14日上午8时左右谢某安排两人进入该加油站对该站输油管道进行维修作业，当天在该站负责人（杜某）提示下完成了1号"人孔井"底阀更换维修。6月15日7时40分左右，工人曲某在对2号"人孔井"管道进行检查，发现"人孔井"中底阀出现问题，需更换底阀，在更换底阀时，发现底阀取不出来，便更换部分输油管，对井下输油管实施焊接。在动火操作过程中，因未采取有效安全措施，引发残存油气爆燃，造成一人重伤一人轻伤的事故。

3. 事故原因

（1）直接原因

平乡县某加油（气）站作业人员在对井下输油管实施焊接时，未对输油管内油气进行置换，未对井中气体置换及检测的情况下，引发油管内残留油气爆燃。

（2）间接原因

1）平乡县某加油（气）站安全生产主体责任不落实，安全管理制度不落实，在油罐区内未按规定制定动火作业方案，未办审批手续。

2）平乡县某加油站负责人杜某对安全生产工作履职不到位，管理不严格，措施不力，不按要求审批动火作业计划，现场监护人员不落实。

3）谢某对作业人员资格审查把关不严，用无资格、无特种作业操作证（电焊工证）上岗作业。

4. 事故防范和整改措施

（1）平乡县某加油（气）站要深刻汲取事故血的教训，举一反三，杜绝此类事故的发生，严格按照动火作业操作规程。

（2）平乡县某加油（气）站要严格按照《中华人民共和国安全生产法》的要求认真落实企业主体责任，做到"五落实，五到位"。

（3）进一步明确部门和属地监管责任，加强相关管理。

四、内江 "7·26" 天然气爆燃事故

1. 事故简介

2013 年 7 月 26 日（星期五）凌晨 0：50 分左右，内江市东兴区某小区旁发生一起天然气爆燃事故，事故造成一人 50% 的 2 度烧伤（蒋某，48 岁，抢险班组长兼焊工，从事燃气抢险工作多年）。

2. 基本情况

内江市区正在大规模进行沿江景观打造。7 月 25 日（星期四）21：24 分左右，内江某公司调度中心接施工方（内江市某房地产开发有限公司）报警，该公司拆除施工围墙时，将天然气管道损坏，造成天然气泄漏。内江某公司接报后到现场进行抢险处置。损坏管段为内江市东兴区中压供气主干管（PE110）。

3. 事故原因

事故直接原因初步分析为管道内余气扩散，遇碘钨灯灼热表面引发爆燃。

事故原因主要分为以下几个方面：

（1）抢险队员麻痹大意，安全意识较为薄弱

蒋某具备 PE 焊接资质证，在内江公司从事抢险工作多年，应该说经验较为丰富，但是在思想上麻痹大意，对危险因素认识不足，安全意识较为薄弱，避险意识不足，特别是在切割管道后发现管内大量水成柱状涌出（管内气压较高）就应意识到管内仍有余气，应及时从操作坑中撤离到安全区域。

（2）劳动防护用品使用管理上存在不足

内江某公司制定了劳动防护用品管理制度，也向焊工配置了阻燃服，但是此次事故中蒋某并未按要求穿戴阻燃服，而是穿普通的短袖工装，冒险作业。从事故发生时的状况分析，只是发生瞬间的爆燃，若正确穿戴阻燃服，将可能避免受伤或极大地减少伤势。

（3）作业安全监护有所松懈

内江某公司每个抢险班组设置两人，组长 1 人，焊工 1 人。蒋某既是抢险二组的班组长，又是焊工，同时也是车辆驾驶人，身兼数职，关键的操作环节主要由其实施。本次抢险从接报到事故发生，该抢险作业已持续约 3.5h，人员精神状态出现了一定疲劳和松懈。对于抢险这类高风险作业，安全监护工作极为关键，此次事故的发生，监护人员在连续长时间监

护过程中，专注度有所松懈，对管道喷出水柱这一新的情况未能及时采取措施，未及时发现警戒区域范围设置过小和碘钨灯（非防爆灯具）安全间距不足，未能及时要求坑内操作人员撤离。

（4）抢险应急工具设备配置及使用存在问题

内江某公司也为抢险队伍配置了中大型的防爆照明灯具，但是此次抢险过程中明显没有使用，金石公司出于自身对垮塌围墙的清运施工提供照明需要，在未与内江燃气公司现场人员沟通的情况下，在警戒区域外架设了照明设备（碘钨灯）成了本次燃气爆燃事故的点火源。

4. 事故防范措施和整改措施

（1）明确各类作业人员劳保用品穿戴要求，组织劳保用品正确使用的培训，并加强日常穿戴情况的监督检查；

（2）加强高危作业参与人员的危险源辨识能力培训，特别加强对抢险业务可能遇到的各类危险源组织专项辨识，增强参与人员的危险源辨识与管控能力；

（3）严格执行作业许可证制度，强化现场审批；

（4）细化抢险车辆车载工具、设备配置清单，特别对防爆照明灯具设置及使用提出管理标准并严格执行；

（5）优化抢险班组人员结构模式，作业人员与监护人员职责分工明确；

（6）完善安全管理部门人员组织结构，增强安全监督管理能力。

第六节　其他重大动火作业事故

近几年，国内燃气行业先后发生多起动火作业中的重大火灾事故，给单位带来了重大经济损失，给社会造成了恶劣影响。

2000年山东潍坊某石油化工厂"7·2"油罐爆炸事故，是在焊接与204号油罐底部阀门对接的管道时，204号油罐内的爆炸性混合气体泄漏入管道遇电焊明火引起了管内爆炸，火焰通过阀门阀片底部的缝隙串入204号罐发生爆炸，204号油罐被炸毁，与307号油罐之间的连接管道阀门被拉断，10人当场死亡，1人重伤。

2007年天津市某油库洞库"10·10"爆炸事故，是施工单位在洞库对某油罐进行动火作业时，另一座油罐正在通风作业，电焊火花引爆了蔓延至整个洞库空间的油气，导致整个洞库发生油气闪爆，造成 2 人当场死亡、设施设备损毁和油料泄漏。

2013 年吉林某金矿股份有限公司"1·14"重大火灾事故中，企业违反《金属非金属矿山安全规程》GB 16423 "在井下进行动火作业，应制定经主管矿长批准的防火措施"的规定，在没有制定经主管矿长批准的防火措施的情况下，组织人员在井下进行焊割安装钢支护作业，掉落的金属熔化物造成井筒衬木阴燃，导致发生重大火灾事故，造成 10 人死亡、29 人受伤，直接经济损失 929 万元。

2014 年 4 月 16 日，江苏南通如皋市某化工有限公司硬脂酸造粒塔在未停车清理的情况下，作业人员在造粒塔下料斗处动焊加装敲击锤过程中，焊接高温引起造粒塔内硬脂酸粉尘爆炸，继而引发火灾、装置坍塌事故，造成 8 人死亡、9 人受伤。

2017 年 7 月 4 日，吉林省松原市宁江区某繁华路在施工过程中造成燃气泄漏，燃气公司在抢修过程中，没有进行燃气浓度的检测，没有及时采取有效的排风手段遇明火发生爆炸事故，波及邻近医院的医护人员和患者，造成 5 人死亡，89 人受伤。这里限于篇幅，其他事故案例就不一一列举。反思在动火作业中发生的重大火灾事故，其重要原因就是不同程度地存在着麻痹思想、侥幸心理和经验主义，不按动火作业程序操作，忽视动火作业计划和危险辨识、风险处理等前期准备，动火作业过程监护严重失控。主要应汲取的教训是：

（1）忽视动火作业组织计划。凡事预则立，不预则废。这里所说的"预"就是指计划。动火作业计划是动火作业的指导性文件，正确的动火作业计划是动火作业安全的保证。在实际执行中应根据动火作业点位多少、时间长短、级别高低和相关特点编制切实可行的动火作业计划，切不可根据经验盲目操作。纵观上述案例，存在的共同问题之一就是忽视动火作业组织计划。

（2）动火作业程序混乱。动火作业程序是动火作业操作步骤的准则。不论动火作业级别高低、动火时间长短、动火点多少，都应严格落实动火作业程序，不能存在侥幸心理。纵观上述案例，存在的问题之二就是动火作业程序混乱。

（3）前期准备不充分。无备必留后患。纵观上述案例，存在的问题之三就是前期准备不充分。

（4）监护过程严重缺失。千里之堤，溃于蚁穴。动火作业是一种非常规、动态性的高风险作业，必须采取非常规、动态性的监管措施，确保每个步骤、每个细节、每个部位监管到位，不留死角，过程受控不留疏漏。纵观上述案例，存在的问题之四就是监护过程缺失，集中体现在建设单位监管不力，动火监护人不在现场，未配备专职安全员或专职安全员擅离职守，动火作业过程处于失控状态。

（5）动火作业收尾工作草率。注重项目收尾工作，防止出现虎头蛇尾，确保善始善终，是安全动火作业的最后一个重要环节。

第九章 燃气行业动火作业安全原则及事故防范措施

第一节 燃气行业动火作业安全八大原则

1. 必须进行动火许可审批

动火前必须进行动火许可审批;《动火作业许可证》按照国家、行业、企业相关要求进行逐级审批。没有动火证或动火证手续不全,动火证已过期不准动火;动火证上要求采取的安全措施没有落实之前也不准动火;动火地点或内容更改时应重办理《动火作业许可证》手续,否则也不准动火。

2. 必须进行动火分析

动火前必须进行动火分析;动火中断时间超过 30min,必须重新取样分析;在特殊危险场所动火时,必须随时使用便携式可燃气体检测仪等对现场可燃气体浓度进行监测。

3. 必须进行危害识别

动火前,动火单位和生产单位应对现场和动火过程可能存在的危险、有害因素进行辨识和风险评价,制定相应的安全措施。

4. 必须清理动火作业现场

动火前,必须清除现场及周围的易燃、可燃物品,分析检测动火点周围地下管道、空洞、窨井、地沟、水封等密闭空间的可燃气体浓度,采取相应安全措施。动火结束后,必须清理现场,监火人确认无残留火种后方可离开。

5. 必须使用符合安全要求的器具设备

动火前,动火单位应按要求对作业涉及的设备、设施、工器具等进行检查,作业器具设备必须完好,并符合安全要求。

6. 必须定点作业

必须明确具体的动火位置点或动火区域，并设置警戒线，严禁变更或移动动火位置，不得擅自扩大动火范围。

7. 必须定时作业

必须明确具体的动火时间，严格按照动火安全作业证时限进行作业。超过有效期限，应重新办理动火安全作业证。

8. 必须设专人监火

监火人必须由动火安全作业证签发单位的人员担任，负责动火现场的监护与检查，在动火期间，不得脱岗和兼做其他工作。

第二节　燃气行业动火作业安全事故防范措施

燃气行业动火事故防范措施主要从以下四个方面入手：广泛开展动火作业的安全宣传和教育、认真做好动火作业人员的安全和教育培训、制定并完善动火作业安全管理制度并严格制定和执行应急救援预案，配备应急救援器材，遇险时科学施救。

一、开展动火作业的安全宣传和教育

燃气设施的数量仍将快速增长，意味着将会有更多的人员从事燃气运行、维护和抢修等工作。动火作业流动性大、危险有害因素多，因此，加强安全知识和安全意识宣传教育，是防范动火作业安全事故的重要手段。

充分利用广播、电视、网络、报刊、杂志、宣传栏、专题培训班、专题讲座等各种形式宣传动火作业的危险性和事故防范的方法。

充分发挥专家和专业协会的作用，指导和帮助企业开展防范烧烫伤、触电、中毒窒息事故的安全培训，提高员工应急处置能力。

二、认真做好动火作业人员的安全培训

安全教育培训是企业安全生产工作的重要内容。从"物"的方面来说，对动火作业的危害可以采取各种相应的防护措施进行预防，而培训则是注重"人"的方面。由于人的违规操作、缺乏经验或是缺乏相关知识与技能等，使得前面提到的大多数事故的发生都源于人自身。

坚持安全教育制度，搞好对全体员工的安全教育，对提高企业安全生

产水平具有重要作用。企业所以员工都必须坚持"先培训、后上岗"的原则，特别是对动火作业人员，更要严格把控教育培训关，严禁培训考核不合格的人员上岗作业。

1. 培训内容

对于动火作业的培训，应涉及以下内容：

（1）动火作业的危险有害因素和安全防护措施。

（2）动火作业的安全操作规程。

（3）检查设备、工器具、仪器、消防器材、劳动防护用品是否正确使用。

（4）动火作业许可证办理程序、填写记录。

（5）动火的气体监测。

（6）相关人员（现场负责人、作业人员、监护人员、应急救援人员等）的职责。

（7）紧急情况下的应急处置措施。

（8）事故案例分析

2. 培训时机

培训可以考虑在以下时间节点安排进行：

（1）授权可以执行动火作业前。

（2）动火作业进入程序有变化。

（3）动火作业的危害有变化。

（4）单位有理由相信人员未遵守相关程序要求时。

（5）应急救援人员的定期培训。

动火作业人员经专项安全培训考核合格后方可上岗。培训应不少于每年1次，应当有专门记录，并由参加培训的人员签字确认，以建立安全培训档案。

三、制定并完善动火作业安全管理制度

动火作业前，由动火所在部门业务主管/工程师组织生产工艺主管/工程师、调度、班长、动火作业负责人、动火人、动火监护人、动火分析人，对作业现场和作业过程中可能存在的危险、有害因素进行辨识分析，制定相应的安全措施；动火作业负责人、动火作业所在部门业务主管/工程师负责对作业人员进行安全交底和风险告知，业务主管/工程师负责填写《作业安全分析表》（表9-1）、《安全交底和风险告知确认卡》（表9-2）、

《动火安全作业证》（附表1-1）。

作业安全分析表   表9-1

作业安全分析表			
作业名称		编号	
作业地点		作业时间	
分析人员： 日期：	审核人员： 日期：		批准人员： 日期：
常见的潜在伤害 （1）火灾/爆炸；（2）压力；（3）触电；（4）转动设备；（5）高空坠落；（6）人员落海；（7）落物；（8）腰伤；（9）眼伤；（10）夹伤；（11）挤伤；（12）绊倒/滑倒；（13）锋利边缘；（14）缺氧；（15）擦伤；（16）烧伤/冻伤；（17）噪声；（18）化学伤害；（19）中毒；（20）尘烟；（21）照明不足；（22）中暑；（23）辐射；（24）静电；（25）撞伤/砸伤；（26）交叉作业	控制措施： 先考虑是否有更安全的作业方法，再依次考虑用工程/管理/安全作业行为/个人保护用品/应急反应的手段降低发生的可能性和/或后果的严重性		

工作步骤	潜在事故或危害	预防措施	实施负责人
吊装	（1）吊装索具故障导致设备损毁和人身伤害； （2）人员劳保穿戴不完整造成人身伤害； （3）吊点稳定性，系物损伤，工作线路	（1）检查系物与被系物； （2）检查被系物行驶路线； （3）吊装时无关人员远离被吊物。 （4）防止人员砸伤，碰伤； （5）作业前负责人对所有人员劳保穿戴进行检查	
清理场地，设备基座预制，切割	（1）人员劳保穿戴不完整造成人身伤害； （2）动火许可、防火、砸伤	（1）工作人员按要求穿戴齐劳保用具； （2）开具动火报告； （3）准备消防器材，设专门监火人员	

安全交底和风险告知确认卡 　　　　表 9-2

安全交底和风险告知确认卡			
作业单位		项目负责人	
作业内容：			
作业时间：　年　月　日　时　分至　年　月　日　时　分			
作业人员：			
基本要求			

作业前，项目负责人应对施工作业人员进行安全交底和风险告知，内容包括作业许可范围及作业环境、作业风险、防范措施（工艺、设备、个体防护等）、应急措施及其他注意事项、作业人员应按照风险告知内容、逐条对接确认、落实到位后方可作业

安全交底和 风险告知内容	作业许可范围及作业环境：
	作业风险：
	防范措施（工艺、设备、个体防护等）：
	应急措施：
	其他注意事项：
	负责人签字：

我方所有施工作业人员已明确该项目的风险并清楚了危害，防范措施和其他注意事项。

作业单位现场负责人签字：

时间：　年　月　日

四、动火作业前的安全技术措施

1. 管理措施

（1）作业前，应对参加作业的人员进行安全教育，主要内容如下：

1）有关作业的安全规章制度、安全操作规程。

2）作业现场和作业过程中可能存在的危险、有害因素及相应的安全措施。

3）作业过程中使用的个体防护器具的使用方法及使用注意事项。

4）事故的预防、避险、逃生、自救及互救等知识。

5）相关的事故案例及经验、教训。

（2）作业前，生产运营部应做好如下工作：

1）对设备、管道进行隔绝、清洗、置换，并确认满足安全作业要求。

2）对放射源采取相应的安全处置措施。

3）对作业现场地下隐蔽工程进行交底。

4）腐蚀性介质的作业场所配备应急冲洗水源及操作人员。

5）夜间作业场所设置满足要求的照明装置。

6）会同作业单位应组织作业人员到现场，了解和熟悉现场环境，进一步核实安全措施，熟悉应急救援器材的位置和分布。

（3）作业前，作业单位对作业现场及作业涉及的设备、设施、工器具等进行检查，各种施工机械、工具、材料及消防器材应摆放在动火安全措施确定的安全区域内，并使之符合如下要求：

1）作业现场消防通道、行车通道应保持畅通，影响作业安全的杂物应清理干净。

2）作业现场的梯子、栏杆、平台、箅子板、盖板等设施应完整、牢固，采取的临时设施应确保安全。

3）对作业现场可能危及安全的坑、井、沟、孔洞等应采取有效防护措施，并设警示标志；夜间应设警示红灯，并采用安全电压。

4）作业使用的个体防护器具、消防器材、通信和照明设备、脚手架或临时作业平台、起重机械、电气焊用具、手持电动工具等，应符合作业安全要求。超过安全电压的手持式、移动式电动工器具应逐个配置漏电保护器和电源开关，做到"一机一闸一保护"。

（4）拆除管道进行动火作业时，应先查明其内部介质及其走向，并根据所要拆除管道的情况制订安全防火措施。

（5）五级风以上（含五级）天气，原则上禁止露天动火作业，因生产确需，动火作业应升级管理。

（6）特殊动火作业，在符合动火作业基本规定的同时，还应符合以下规定：

1）在生产不稳定的情况下，不应进行带压不置换动火作业；

2）应预先制定作业方案，落实安全防火措施，必要时安排专职消防队到现场监护；

3）动火点所在车间应预先通知公司生产调度部门及有关单位，使之在异常情况下能及时采取相应措施；

4）应在正压条件下进行作业；应保持作业现场通排风良好；

5）公司分管安全和检维修工作的负责人应共同对动火作业安全措施的落实情况进行确认，并在《安全交底和风险告知确认卡》签字。

2. 物防措施

（1）作业前应清除动火作业现场及周围的物品，或采取其他有效安全措施，并配备消防器材，以满足作业现场应急要求。

（2）动火点周围或其下方的地面如有可燃物、空洞、窨井、地沟、水封等，应检查分析并采取清理或封盖等措施；对于动火点周围可能泄漏易燃、可燃物料的设备，应采取隔离措施。

（3）凡在盛有或盛装过危险化学品的设备、管道等生产、储存设施及处于易燃易爆场所的生产设备上进行动火作业，应将其与生产系统彻底隔离，并进行清洗、置换，分析合格后方可作业。因条件限制无法进行清洗、置换而确需动火作业时，按特殊动火作业管理。

（4）在有可燃构件和使用可燃物做防腐内衬的设备内部进行动火作业时，应采取防火隔绝措施。

3. 技防措施

（1）系统隔离

在动火作业前，应首先切断物料来源，并采取措施做好有效隔离，防止在动火作业过程中，燃气从相邻管道或设备串入作业管段。

1）动火作业区域应设置警戒带，并设人警戒，严禁与动火作业无关人员或车辆进入动火区域；必要时动火现场应配备消防车及医疗救护设备和设施；

2）与动火点相连的管道应进行可靠的隔离、封堵或拆除处理；

3）与动火点直接相连的阀门应挂签上锁，并安排专人监护；动火作业区域内的设备、设施须由作业区域所在单位专业人员操作；

4）20m范围内应做到无易燃物，施工、消防及疏散通道应畅通；距动火点15m内所有的漏斗、排水口、各类井口、排气管、管道、地沟等应封严盖实。

（2）燃气放散

在作业管段或设备进行有效隔离后，应对作业管段或设备的燃气进行放散。放散作业的应满足以下几个基本要求：

1）放散时，作业现场应有专人负责监控压力及进行浓度检测。

2）在放散点周围30m建立警戒区，严禁车辆、无关人员入内；作业现场严禁烟火，并放置消防器材。

3）放散点选择要注意周围环境，应选择空旷、人员少的地带，远离居民住宅、明火、高压架空电线等场所。当无法远离居民住宅等场所时，应采取有效的防护措施，如在作业期间，关闭门窗，同时安排人员逐户宣传和检查，清除火种隐患。

4）放散管应采用金属管道，并应可靠接地；放散管应安装牢固，放散口应高出地面 2m 以上。

5）燃气放散流速：不大于 5m/s。

6）放散作业不宜选择在恶劣天气进行。

（3）氮气置换

燃气设施停气动火前，对作业管段或设备进行氮气置换燃气。氮气置换燃气是指氮气通过注氮装置进入作业管段，逐步将残留在作业管段内的燃气排出管外。该方法具有节省能源、安全可靠、连续操作、采样检测频率小等优点，适用于大管径、长距离燃气管网的置换。注氮置换的基本要求如下：

1）置换作业时，应根据管道情况和现场条件确定放散点数量与位置，管道末端应设置临时放散管，在放散管上应设置控制阀门和检测取样阀门。

2）置换放散时，作业现场应有专人负责监控压力及进行浓度检测。

3）注氮装置氮气出口处应有温度、压力、流量显示仪表，检定合格并在有效检定期内。

4）液氮纯度：应达到 98% 以上；氮气注入温度标准：采用液氮气化气体进行置换时，注入管道的氮气温度不得低于 5℃；氮气注入速度控制标准：保持主管道氮气注入速度应大于 1m/s，不宜大于 5m/s；

5）保持现场通风，防止液氮泄漏造成人员窒息。不应触摸液氮低温管道，防止冻伤。

在注氮作业现场周围 20m 范围处设警戒区，有明显警戒标志，与注氮作业无关人员严禁入内。

（4）动火分析

在作业前，应进行动火分析，否则极有可能发生火灾、爆炸事故。动火分析要求如下：

1）动火分析的监测点要有代表性，在较大的设备内动火，应对上、中、下各部位进行监测分析；在较长的燃气管道上动火，应在彻底隔绝区域内分段分析；

2）在设备外部动火，应在不小于动火点 10m 范围内进行动火分析；

3）动火分析的时间要求：动火分析与动火作业间隔一般不超过 30min，如现场条件不允许，间隔时间可适当放宽，但不应超过 60min；作业中断时间超过 60min，应重新分析。特殊动火作业期间应随时进行检测。

4）置换过程中，动火分析人员应在检测点连续 3 次检测燃气浓度，每次间隔不少于 5min，且 3 次检测的燃气浓度值均符合动火分析合格标准，才可以进行动火作业。

5）动火分析合格标准为：当被测气体或蒸汽的爆炸下限大于或等于 4％时，其被测浓度应不大于 0.5％（体积分数）；当被测气体或蒸汽的爆炸下限小于 4％时，其被测浓度应不大于 0.2％（体积分数）。

6）动火人员不需要进入受限空间作业时，可只进行燃气浓度检测；动火人员需要进入受限空间作业时，还必须进行受限空间的氧含量和有毒物质分析。浓度超过《工作场所有害因素职业接触限值 第 1 部分：化学有害因素》GBZ 2.1 规定的，应采取相应的安全措施，并在《动火安全作业证》中"其他安全措施"一栏注明。

7）人员、设备要求：检测人员应经过培训、考核合格后方可上岗开展动火分析工作；气体检测设备必须由具备检测资质的单位检测合格，在进行可燃气体检测时需要至少同时使用两台检测仪进行检测，保证检测结果的可靠和有效。

（5）进入作业现场的所有人员应正确佩戴符合要求的个体防护器具；作业时，作业人员应遵守本工种安全技术规程，并按规定着装及正确佩戴相应的个体防护器具；多工种、多层次交叉作业应统一协调；患有职业禁忌症者不应参加相应作业。

五、动火作业过程中的安全技术措施

（1）动火作业实施前应进行安全交底，作业人员应严格按照规章制度、安全操作规程、动火作业方案要求进行作业。

（2）动火作业期间，距离动火点 30m 内严禁排放各类可燃气体；距离动火点 15m 内严禁排放各类可燃液体；在动火点 10m 范围内及动火点下方不应同时进行可燃溶剂清洗或喷漆作业。

（3）铁路沿线 25m 以内的动火作业，如遇有装有危险化学品的火车通过或停留时，应立即停止动火。

（4）使用气焊、气割动火作业时，乙炔气瓶应直立放置并采取防止倾倒措施，氧气瓶与之间距不应小于 5m，两者与动火点的间距不应小于 10m，并应设防倾倒、防晒设施，不准在烈日下暴晒。搬运气瓶时，避免碰撞、振动，要戴好防振圈、防护帽，避免火烤；严禁直接用吊车调运气瓶。在受限空间内实施焊割作业时，气瓶应放置在受限空间外面；使用电焊时，电焊机具应完好，电焊机外壳需可靠接地。

（5）动火作业人员应处于动火点的上风向位置作业，应位于避开油气流可能喷射和封堵物射出的方位。特殊情况时，应采取围隔作业并控制火花飞溅。

（6）动火作业过程中，应根据动火作业许可证和动火作业方案中要求的气体检测时间和频次进行环境气体浓度检测，填写检测记录，记录检测时间、检测结果、检测人、复核（检）人，结果不合格时应立即停止作业。在有毒有害气体场所作业，应进行连续气体监测。

（7）动火作业过程中，作业监护人应对动火作业实施全过程现场监护，每一处动火点应指定一名监护人员，严禁无监护人动火作业。作业监护人不得脱离监护岗位，监护人发生变化需经批准。

六、动火作业结束后的安全技术措施

动火作业结束后，作业人员和动火监护人应整理现场，做到工完料尽场地清。同时，作业负责人应在动火许可证"完工验收"栏中签字，关闭作业证。

（1）熄灭余火，关闭气瓶供气阀，并搬离作业现场，确认无遗留火种、火源隐患。

（2）关闭电源，将动火设备从作业现场移走。

（3）将作业用的工器具、脚手架、临时电源、临时照明设备等及时撤离现场

（4）将废料、杂物、垃圾、油污等残留物清理干净，确认无残留火种后方可离开。

（5）恢复作业时拆移的盖板、箅子板、扶手、栏杆、防护罩等安全设施的安全使用功能。

七、特殊情况动火作业

1. 高处动火作业

（1）同时办理高处作业和动火作业许可证。

（2）高处动火作业还应遵循中石油企业标准《高处作业安全管理规范》Q/SY1236 的相关要求，高处作业使用的安全带、救生索等防护装备应采用防火阻燃的材料，需要时使用自动锁定连接。

（3）确保作业平台的作业面没有孔洞，平台四周装有护栏和供人员上下的通道。

（4）高处动火应采取防止火花溅落措施，并应在火花可能溅落的部位安排监护人。

（5）遇有 5 级以上（含 5 级）风不应进行室外高处动火作业。

2. 进入受限空间动火作业

（1）同时办理受限空间作业和动火作业许可证。

（2）进入受限空间的动火还应遵循中石油企业标准《进入受限空间安全管理规范》Q/SY1242 的相关要求，在将受限空间内部物料除净后，应采取蒸汽吹扫（或蒸煮）、氮气置换或用水冲洗等措施，并打开上、中、下部人孔，形成空气对流或采用机械强制通风换气。

（3）受限空间的气体检测应包括可燃气体浓度、有毒有害气体浓度、氧气浓度等，其可燃介质（包括爆炸性粉尘）含量执行《进入受限空间安全管理规范》Q/SY1242 第 5.3.3 要求，氧含量 19.5%～23.5%，有毒有害气体含量应符合国家相关标准的规定。

（4）严禁将气瓶带入受限空间内。

3. 挖掘作业中动火作业

（1）挖掘作业中的动火作业还应遵循中石油企业标准《挖掘作业安全管理规范》Q/SY1247 的相关要求，采取安全措施，确保动火作业人员的安全和逃生。

（2）在埋地管道操作坑内进行动火作业的人员应系阻燃或不燃材料的安全绳。

（3）动火作业坑除满足施工作业要求外，应分别有上、下通道，通道坡度应小于 50°。如对管道进行封堵，封堵作业坑与动火作业坑之间应有不小于 1m 的间隔墙。

4. 特殊动火

（1）带压不置换动火作业是特殊危险动火作业，应严格控制。严禁在生产不稳定以及设备、管道等腐蚀情况下进行带压不置换动火；严禁在含硫原料气管道等可能存在中毒危险环境下进行带压不置换动火。确需动火时，应采取可靠的安全措施，制定应急预案。

（2）带压不置换动火作业中，由管道内泄漏出的可燃气体遇明火后形成的火焰，如无特殊危险，不宜将其扑灭。

八、制订应急救援预案

在实施动火作业前，相关人员应在危险辨识、风险评价的基础上，结合法律法规、标准规范的要求，在作业之前针对本次作业制订严密的、有针对性地应急救援计划，明确紧急情况下作业人员的逃生、自救、互救方法。并配备必要的应急救援器材，防止因施救不当造成事故扩大。

现场作业人员、管理人员等都要熟知预案内容和救护设施使用方法。要加强应急预案的演练，使作业人员提高自救、互救及应急处置的能力。

在电焊、气焊作业过程中，如引起火警、火灾事故应采取如下应急措施。

立即示警和通知现场负责人，并立即使用施工现场配备的消防器材扑灭初起之火，现场负责人接到报警后，要立即组织项目义务消防队进行灭火，并安排人员疏散，同时通知前线调度现场情况。

在灭火时要根据燃烧物质、燃烧特点、火场的具体情况，正确使用消防器材。如对焊渣引燃竹木等固体可燃物而引起的火灾，可用冷却灭火方法，将水或泡沫灭火剂或干粉灭火剂（ABC 型）直接喷射在燃烧着的物体上，使燃烧物的温度降低至燃点以下或与空气隔绝，使燃烧中断，达到灭火的效果。如焊渣引燃电器设备，应立即关闭电源，用窒息灭火法，采用不导电的灭火剂，如二氧化碳灭火器、干粉灭火器（ABC 型或 BC 型均可）等，直接喷射在燃烧着的电器设备上，阻止与空气接触，中断燃烧，达到灭火效果。如焊渣引燃油类，同样可用窒息灭火方法，用泡沫灭火器、二氧化碳灭火器、干粉灭火器（ABC 型或 BC 型均可等），直接喷射在燃烧着的物体上，阻止与空气接触，中断燃烧，达到灭火的效果；但对于此类火灾，严禁用水扑救。如焊渣引燃贵重仪器设备，可用窒息灭火方法，用二氧化碳等气体灭火器直接喷射在燃烧物上，或用毛毡、衣服、干麻袋等覆盖，中断燃烧，达到灭火的效果，严禁用水、泡沫灭火器、干粉灭火器等进行扑救。

扑救火灾爆炸事故，应遵循如下原则：从上向下、从外向内，从上风处向下风处。

当事故现场火灾危及人身安全时，应紧急把伤者隔离火源，并把火扑灭，对于轻度烧伤人员，可包扎处理；对于中、重度烧伤人员，应将伤者马上送医院治疗，并进行医学观察。

第三部分　适用的法律法规、标准规范

第十章 动火作业适用的
法律法规辨识清单

本文关于动火作业适用的法律法规辨识限于法律法规、行政规章、国家或行业标准和规范，见表10-1。各城镇燃气企业在开展法律法规辨识时应包括当地的相关法律法规、行业标准和规范等，本书不作辨识。

燃气行业动火法律法规辨识清单　　　　　　　　　　　　　表 10-1

序号	颁布部门	名称	文号/标准号	颁布日期	实施日期
1	全国人民代表大会常务委员会	《中华人民共和国安全生产法》	2014 年 8 月 31 日，中华人民共和国主席令第十三号	2014 年 08 月 31 日	2014 年 12 月 1 日
2	国家安全生产监督管理总局	《化学品生产单位动火作业安全规范》	AQ 3022	2008 年 11 月 19 日	2009 年 01 月 01 日
3	国家质量监督检验检疫总局，国家标准化管理委员会	《化学品生产单位特殊作业安全规程》	GB 30871	2014 年 07 月 24 日	2015 年 06 月 01 日
4	住房和城乡建设部	《城镇燃气设施运行、维护和抢修安全技术规程》	CJJ 51	2016 年 06 月 06 日	2016 年 12 月 01 日
5	中国石油天然气集团公司	《油气管道动火规范》	Q/SY64	2012 年 07 月 03 日	2012 年 09 月 01 日
6	中国石油天然气集团公司	《动火作业安全管理规范》	Q/SY1241	2009 年 07 月 01 日	2009 年 09 月 01 日
7	国家安全生产监督管理总局	《油气罐区防火防爆十条规定》	总局令第 84 号	2015 年 07 月 30 日	2015 年 07 月 30 日
8	国家安全生产监督管理总局	《企业安全生产风险公告六条规定》	总局令第 70 号	2014 年 11 月 24 日	2014 年 11 月 24 日
9	国家安全生产监督管理总局	《生产安全事故应急预案管理办法》	总局令第 88 号	2016 年 04 月 15 日	2016 年 07 月 01 日

第十一章 安全生产常用法律法规

一、《中华人民共和国安全生产法》

全国人大常委会 2014 年 8 月 31 日表决通过关于修改安全生产法的决定。新的《中华人民共和国安全生产法》，认真贯彻落实习近平总书记关于安全生产工作的一系列重要指示精神，从强化安全生产工作的摆位，进一步落实生产经营单位主体责任、政府安全监管定位和加强基层执法力量，强化安全生产责任追究等四个方面入手，着眼于安全生产现实问题和发展要求，补充完善了相关法律制度规定，主要有以下十大亮点：

1. 坚持以人为本，推进安全发展

2014 年 8 月 31 日通过的《中华人民共和国安全生产法》提出安全生产工作应当以人为本，充分体现了习近平总书记等中央领导同志关于安全生产工作的一系列重要指示精神。在坚守"发展决不能以牺牲人的生命为代价"这条红线，牢固树立以人为本、生命至上的理念，正确处理重大险情和事故应急救援中"保财产"还是"保人命"问题等方面，具有重大现实意义。为强化安全生产工作的重要地位，明确安全生产在国民经济和社会发展中的重要地位，推进安全生产形势持续稳定好转，新法将坚持安全发展写入了总则。

2. 建立完善的安全生产方针和工作机制

2014 年 8 月 31 日通过的《中华人民共和国安全生产法》确立了"安全第一、预防为主、综合治理"的安全生产工作"十二字方针"，明确了安全生产的重要地位、主体任务和实现安全生产的根本途径。"安全第一"要求从事生产经营活动必须把安全放在首位，不能以牺牲人的生命、健康为代价换取发展和效益。"预防为主"要求把安全生产工作的重心放在预防上，强化隐患排查治理，"打非治违"，从源头上控制、预防和减少生产安全事故。"综合治理"要求运用行政、经济、法治、科技等多种手段，充分发挥社会、职工、舆论监督各个方面的作用，抓好安全生产工作。坚持"十二字方针"，总结实践经验。新法明确要求建立生产经营单位负责、

职工参与、政府监管、行业自律、社会监督的机制，进一步明确各方安全生产职责。做好安全生产工作，落实生产经营单位主体责任是根本，职工参与是基础，政府监管是关键，行业自律是发展方向，社会监督是实现预防和减少生产安全事故的保障。

3. 强化"三个必须"，明确安全监管部门执法地位

按照"三个必须"（管行业必须管安全、管业务必须管安全、管生产经营必须管安全）的要求，一是规定国务院和县级以上地方人民政府应当建立健全安全生产工作协调机制，及时协调、解决安全生产监督管理中存在的重大问题。二是明确国务院和县级以上地方人民政府安全生产监督管理部门实施综合监督管理，有关部门在各自职责范围内对有关行业、领域的安全生产工作实施监督管理，并将其统称为负有安全生产监督管理职责的部门。三是明确各级安全生产监督管理部门和其他负有安全生产监督管理职责的部门作为执法部门，依法开展安全生产行政执法工作，对生产经营单位执行法律、法规、国家标准或者行业标准的情况进行监督检查。

4. 明确乡镇人民政府以及街道办事处、开发区管理机构安全生产职责

乡镇街道是安全生产工作的重要基础，有必要在立法层面明确其安全生产职责，同时，针对各地经济技术开发区、工业园区的安全监管体制不顺、监管人员配备不足、事故隐患集中、事故多发等突出问题，明确：乡、镇人民政府以及街道办事处、开发区管理机构等地方人民政府的派出机关应当按照职责，加强对本行政区域内生产经营单位安全生产状况的监督检查，协助上级人民政府有关部门依法履行安全生产监督管理职责。

5. 进一步明确生产经营单位的安全生产主体责任

做好安全生产工作，落实生产经营单位主体责任是根本。把明确安全责任、发挥生产经营单位安全生产管理机构和安全生产管理人员作用作为一项重要内容，作出三个方面的重要规定：一是明确委托规定的机构提供安全生产技术、管理服务的，保证安全生产的责任仍然由本单位负责；二是明确生产经营单位的安全生产责任制的内容，规定生产经营单位应当建立相应的机制，加强对安全生产责任制落实情况的监督考核；三是明确生产经营单位的安全生产管理机构以及安全生产管理人员履行的七项职责。

6. 建立预防安全生产事故的制度

把加强事前预防、强化隐患排查治理作为一项重要内容：一是生产经营单位必须建立生产安全事故隐患排查治理制度，采取技术、管理措施及时发现并消除事故隐患，并向从业人员通报隐患排查治理情况；二是政府有关部门要建立健全重大事故隐患治理督办制度，督促生产经营单位消除重大事故隐患；三是对未建立隐患排查治理制度、未采取有效措施消除事故隐患的行为，设定了严格的行政处罚；四是赋予负有安全监管职责的部门对拒不执行执法决定、有发生生产安全事故现实危险的生产经营单位依法采取停电、停供民用爆炸物品等措施，强制生产经营单位履行决定的权力。

7. 建立安全生产标准化制度

安全生产标准化是在传统的安全质量标准化基础上，根据当前安全生产工作的要求、企业生产工艺特点，借鉴国外现代先进安全管理思想，形成的一套系统的、规范的、科学的安全管理体系。2010 年《国务院关于进一步加强企业安全生产工作的通知》（国发〔2010〕23 号）、2011 年《国务院关于坚持科学发展安全发展促进安全生产形势持续稳定好转的意见》（国发〔2011〕40 号）均对安全生产标准化工作提出了明确的要求。近年来，矿山、危险化学品等高危行业企业安全生产标准化取得了显著成效，工贸行业领域的标准化工作正在全面推进，企业本质安全生产水平明显提高。结合多年的实践经验，在总则部分明确提出推进安全生产标准化工作，这必将对强化安全生产基础建设，促进企业安全生产水平持续提升产生重大而深远的影响。

8. 推行注册安全工程师制度

为解决中小企业安全生产"无人管、不会管"问题，促进安全生产管理队伍朝着专业化、职业化方向发展，国家自 2004 年以来连续 13 年实施了全国注册安全工程师执业资格统一考试，28.6 万人取得了资格证书。确立了注册安全工程师制度，并从两个方面加以推进：一是危险物品的生产、储存单位以及矿山、金属冶炼单位应当有注册安全工程师从事安全生产管理工作，鼓励其他生产经营单位聘用注册安全工程师从事安全生产管理工作；二是建立注册安全工程师按专业分类管理制度，授权国务院有关部门制定具体实施办法。

9. 推进安全生产责任保险制度

总结近年来的试点经验，通过引入保险机制，促进安全生产，规定国家鼓励生产经营单位投保安全生产责任保险。安全生产责任保险具有其他保险所不具备的特殊功能和优势。一是增加事故救援费用和第三人（事故单位从业人员以外的事故受害人）赔付的资金来源，有助于减轻政府负担，维护社会稳定。目前有的地区还提供了一部分资金用于对事故死亡人员家属的补偿。二是有利于现行安全生产经济政策的完善和发展。2005年起实施的高危行业风险抵押金制度存在缴存标准高、占用资金量大、缺乏激励作用等不足。目前，湖南、上海等省（直辖市）已经通过地方立法允许企业自愿选择责任保险或者风险抵押金，受到企业的广泛欢迎。三是通过保险费率浮动、引进保险公司参与企业安全管理，有效促进企业加强安全生产工作。

10. 加大对安全生产违法行为的责任追究力度

一是规定了事故行政处罚和终身行业禁入。第一，将行政法规的规定上升为法律条文，按照两个责任主体、四个事故等级，设立了对生产经营单位及其主要负责人的八项罚款处罚规定。第二，进一步明确对重大、特别重大事故负有责任主要负责人，终身不得担任本行业生产经营单位的主要负责人。

二是加大罚款处罚力度。结合各地区经济发展水平、企业规模等实际，维持罚款下限基本不变、将罚款上限提高了 2 倍至 5 倍，并且大多数处罚不再将限期整改作为前置条件，反映了"打非治违"、"重点治乱"的现实需要，强化了对安全生产违法行为的震慑力，也有利于降低执法成本、提高执法效能。

三是建立了严重违法行为公告和通报制度。要求负有安全生产监督管理职责的部门建立安全生产违法行为信息库，如实记录生产经营单位的安全生产违法行为信息；对违法行为情节严重的生产经营单位，应当向社会公告，并通报行业主管部门、投资主管部门、国土资源主管部门、证券监督管理部门和有关金融机构。

二、《中华人民共和国职业病防治法》

《中华人民共和国职业病防治法》经 2001 年 10 月 27 日九届全国人大常委会第 24 次会议通过。根据 2011 年 12 月 31 日第十一届全国人民代表大会常务委员会第二十四次会议《关于修改〈中华人民共和国职业病防治法〉的决定》第一次修正。2016 年 7 月 2 日第十二届全国人民代表大会常务委员会第二十一次会议通过关于修改《中华人民共和国职业病防治法》等六部法律的决定。第二次修正，根据 2017 年 11 月 4 日第十二届全国人民代表大会常务委员会第十三次会议《关于修改〈中华人民共和国会计法〉等十一部法律的决定》第三次修正，根据 2018 年 12 月 29 日第十三届全国人民代表大会常务委员会第七次会议《关于修改〈中华人民共和国劳动法〉等七部法律的决定》第四次修正。

《中华人民共和国职业病防治法》对劳动过程中职业病的防治与管理、职业病的诊断与治疗及保障有以下规定：

（1）用人单位不得安排未经上岗前职业健康检查的劳动者从事接触职业病危害的作业；不得安排有职业禁忌的劳动者从事其所禁忌的作业；对在职业健康检查中发现有与所从事的职业相关的健康损害的劳动者，应当调离原工作岗位，并妥善安置；对未进行离岗前职业健康检查的劳动者不得解除或者终止与其订立的劳动合同。

（2）用人单位应当为劳动者建立职业健康监护档案，并按照规定的期限妥善保存。劳动者离开用人单位时，有权索取本人职业健康监护档案复印件，用人单位应当如实、无偿提供，并在所提供的复印件上签章。

（3）劳动者享有下列职业卫生保护权利：

1）获得职业卫生教育、培训。

2）获得职业健康检查、职业病诊疗、康复等职业病防治服。

3）了解工作场所产生或者可能产生的职业病危害因素、危害后果和应当采取的职业病防护措施。

4）要求用人单位提供符合防治职业病要求的职业病防护设施和个人使用的职业病防护用品，改善工作条件。

5）对违反职业病防治法律、法规以及危及生命健康的行为提出批评、检举和控告。

6）拒绝违章指挥和强令进行没有职业病防护措施的作业。

7）参与用人单位职业卫生工作的民主管理，对职业病防治工作提出意见和建议。

用人单位应当保障劳动者行使前款所列权利。因劳动者依法行使正当权利而降低其工资、福利等待遇或者解除、终止与其订立的劳动合同的，其行为无效。

（4）用人单位应当保障职业病病人依法享受国家规定的职业病待遇。

用人单位应当按照国家有关规定，安排职业病病人进行治疗、康复和定期检查。用人单位对不适宜继续从事原工作的职业病病人，应当调离原岗位，并妥善安置。用人单位对从事接触职业病危害的作业的劳动者，应当给予适当岗位津贴。职业病病人的诊疗、康复费用，伤残以及丧失劳动能力的职业病病人的社会保障，按照国家有关工伤保险的规定执行。劳动者被诊断患有职业病，但用人单位没有依法参加工伤保险的，其医疗和生活保障由该用人单位承担。

三、《中华人民共和国消防法》

《中华人民共和国消防法》已由中华人民共和国第十一届全国人民代表大会常务委员会第五次会议于 2008 年 10 月 28 日修订，根据 2019 年 4 月 23 日第十三届全国人民代表大会常务委员会第十次会议《关于修改〈中华人民共和国建筑法〉等八部法律的决定》修正。修正后的《中华人民共和国消防法》自 2019 年 4 月 23 日起施行。相关规定如下：

1. 任何单位和个人都有维护消防安全、保护消防设施、预防火灾、报告火警的义务。任何单位和成年人都有参加有组织的灭火工作的义务。

2. 机关、团体、企业、事业等单位应当履行下列消防安全职责：

（1）落实消防安全责任制，制定本单位的消防安全制度、消防安全操作规程，制定灭火和应急疏散预案。

（2）按照国家标准、行业标准配置消防设施、器材，设置消防安全标志，并定期组织检验、维修，确保完好有效。

（3）对建筑消防设施每年至少进行一次全面检测，确保完好有效。检测记录应当完整准确，存档备查。

（4）保障疏散通道、安全出口、消防车通道畅通，保证防火防烟分区、防火间距符合消防技术标准。

（5）组织防火检查，及时消除火灾隐患。

（6）组织进行有针对性的消防演练。

（7）法律、法规规定的其他消防安全职责。

3. 生产、储存、经营易燃易爆危险品的场所不得与居住场所设置在同一建筑物内，并应当与居住场所保持安全距离。生产、储存、经营其他物品的场所与居住场所设置在同一建筑物内的，应当符合国家工程建设消防技术标准。

4. 生产、储存、装卸易燃易爆危险品的工厂、仓库和专用车站、码头的设置，应当符合消防技术标准。易燃易爆气体和液体的充装站、供应站、调压站，应当设置在符合消防安全要求的位置，并符合防火防爆要求。

5. 已经设置的生产、储存、装卸易燃易爆危险品的工厂、仓库和专用车站、码头，易燃易爆气体和液体的充装站、供应站、调压站，不再符合前款规定的，地方人民政府应当组织、协调有关部门、单位限期解决，消除安全隐患。

6. 任何单位、个人不得损坏、挪用或者擅自拆除、停用消防设施、器材，不得埋压、圈占、遮挡消火栓或者占用防火间距，不得占用、堵塞、封闭疏散通道、安全出口、消防车通道。人员密集场所的门窗不得设置影响逃生和灭火救援的障碍物。

四、《中华人民共和国特种设备安全法》

《中华人民共和国特种设备安全法》由第十二届全国人民代表大会常务委员会第三次会议通过，2013 年 6 月 29 日中华人民共和国主席令第 4 号公布，自 2014 年 1 月 1 日起施行。相关规定如下：

1. 特种设备生产、经营、使用单位应当按照国家有关规定配备特种设备安全管理人员、检测人员和作业人员，并对其进行必要的安全教育和技能培训。

2. 特种设备生产、经营、使用单位对其生产、经营、使用的特种设备应当进行自行检测和维护保养，对国家规定实行检验的特种设备应当及时申报并接受检验。

3. 特种设备使用单位应当在特种设备投入使用前或者投入使用后三十日内，向负责特种设备安全监督管理的部门办理使用登记，取得使用登记证书。登记标志应当置于该特种设备的显著位置。

4. 特种设备使用单位应当建立岗位责任、隐患治理、应急救援等安全管理制度，制定操作规程，保证特种设备安全运行。

5. 特种设备使用单位应当建立特种设备安全技术档案。安全技术档案应当包括以下内容：

（1）特种设备的设计文件、产品质量合格证明、安装及使用维护保养说明、监督检验证明等相关技术资料和文件。

（2）特种设备的定期检验和定期自行检查记录。

（3）特种设备的日常使用状况记录。

（4）特种设备及其附属仪器仪表的维护保养记录。

（5）特种设备的运行故障和事故记录。

五、《生产安全事故罚款处罚规定（试行）》

2007 年 3 月 28 日国务院第 172 次常务会议通过《生产安全事故报告和调查处理条例》，自 2007 年 6 月 1 日起施行，条例共六章四十六条。为了贯彻落实新修改的《中华人民共和国安全生产法》，2015 年 1 月 16 日，经国家安全生产监督管理总局局长办公会议审议通过，国家安全监管总局对《〈生产安全事故报告和调查处理条例〉罚款处罚暂行规定》进行了修改，将规章的名称修改为《生产安全事故罚款处罚规定（试行）》，自 2015 年 5 月 1 日起施行。此规定是为了规范生产安全事故的报告和调查处理，落实生产安全事故责任追究制度，防止和减少生产安全事故，根据《中华人民共和国安全生产法》和有关法律而制定。该条例规定：

1. 事故发生后，事故现场有关人员应当立即向本单位负责人报告；单位负责人接到报告后，应当于 1h 内向事故发生地县级以上人民政府安全生产监督管理部门和负有安全生产监督管理职责的有关部门报告。

2. 情况紧急时，事故现场有关人员可以直接向事故发生地县级以上人民政府安全生产监督管理部门和负有安全生产监督管理职责的有关部门报告。

3. 报告事故应当包括下列内容：

（1）事故发生单位概况。

（2）事故发生的时间、地点以及事故现场情况。

（3）事故的简要经过。

（4）事故已经造成或者可能造成的伤亡人数（包括下落不明的人数）和初步估计的直接经济损失。

（5）已经采取的措施。

（6）其他应当报告的情况。

六、《企业安全生产风险公告六条规定》

《企业安全生产风险公告六条规定》已经于 2014 年 11 月 24 日由国家安全生产监督管理总局局长办公会议审议通过，自公布之日起施行。该规定如下：

1. 必须在企业醒目位置设置公告栏，在存在安全生产风险的岗位设置告知卡，分别标明本企业、本岗位主要危险危害因素、后果、事故预防及应急措施、报告电话等内容。

2. 必须在重大危险源、存在严重职业病危害的场所设置明显标志，标明风险内容、危险程度、安全距离、防控办法、应急措施等内容。

3. 必须在有重大事故隐患和较大危险的场所和设施设备上设置明显标志，标明治理责任、期限及应急措施。

4. 必须在工作岗位标明安全操作要点。

5. 必须及时向员工公开安全生产行政处罚决定、执行情况和整改结果。

6. 必须及时更新安全生产风险公告内容，建立档案。

七、《油气罐区防火防爆十条规定》

《油气罐区防火防爆十条规定》已经于 2015 年 7 月 30 日由国家安全生产监督管理总局局长办公会议审议通过，自公布之日起施行。该规定如下：

1. 严禁油气储罐超温、超压、超液位操作和随意变更储存介质。

2. 严禁在油气罐区手动切水、切罐、装卸车时作业人员离开现场。

3. 严禁关闭在用油气储罐安全阀切断阀和在泄压排放系统加盲板。

4. 严禁停用油气罐区温度、压力、液位、可燃及有毒气体报警和连锁系统。

5. 严禁未进行气体检测和办理作业许可证，在油气罐区动火或进入受限空间作业。

6. 严禁内浮顶储罐运行中浮盘落底。

7. 严禁向油气储罐或与储罐连接的管道中直接添加性质不明或能发生剧烈反应的物质。

8. 严禁在油气罐区使用非防爆照明、电气设施、工器具和电子器材。

9. 严禁培训不合格人员和无相关资质承包商进入油气罐区作业，未经许可机动车辆及外来人员不得进入罐区。

10. 严禁油气罐区设备设施不完好或带病运行。

八、《生产安全事故应急预案管理办法》

为规范生产安全事故应急预案管理工作，迅速有效处置生产安全事故，依据《中华人民共和国突发事件应对法》、《中华人民共和国安全生产法》等法律和《突发事件应急预案管理办法》（国办发〔2013〕101 号），制定《生产安全事故应急预案管理办法》。2019 年 6 月 24 日，《应急管理部关于修改〈生产安全事故应急预案管理办法〉的决定》经应急管理部第 20 次部务会议审议通过，于 2019 年 7 月 11 日公布，自 2019 年 9 月 1 日起施行。

1. 生产安全事故应急预案（以下简称应急预案）的编制、评审、公布、备案、实施及监督管理工作，适用本办法。

2. 应急预案的管理实行属地为主、分级负责、分类指导、综合协调、动态管理的原则。

3. 应急管理部负责全国应急预案的综合协调管理工作。县级以上地方各级安全生产监督管理部门负责本行政区域内应急预案的综合协调管理工作。县级以上地方各级其他负有安全生产监督管理职责的部门按照各自的职责负责有关行业、领域应急预案的管理工作。

4. 生产经营单位主要负责人负责组织编制和实施本单位的应急预案，并对应急预案的真实性和实用性负责；各分管负责人应当按照职责分工落实应急预案规定的职责。

5. 生产经营单位应急预案分为综合应急预案、专项应急预案和现场处置方案。综合应急预案是指生产经营单位为应对各种生产安全事故而制定的综合性工作方案，是本单位应对生产安全事故的总体工作程序、措施和应急预案体系的总纲；专项应急预案是指生产经营单位为应对某一种或者多种类型生产安全事故，或者针对重要生产设施、重大危险源、重大活动防止生产安全事故而制定的专项性工作方案。现场处置方案是指生产经营单位根据不同生产安全事故类型，针对具体场所、装置或者设施所制定的应急处置措施。

6. 应急预案的编制应当遵循以人为本、依法依规、符合实际、注重实效的原则，以应急处置为核心，明确应急职责、规范应急程序、细化保障措施。

7. 应急预案的编制应当符合下列基本要求：

（1）符合有关法律、法规、规章和标准的规定。

（2）充分考虑本地区、本部门、本单位的安全生产实际情况。

（3）充分考虑本地区、本部门、本单位的危险性分析情况。

（4）应急组织和人员的职责分工明确，并有具体的落实措施。

（5）有明确、具体的应急程序和处置措施，并与其应急能力相适应。

（6）有明确的应急保障措施，满足本地区、本部门、本单位的应急工作需要。

（7）应急预案基本要素齐全、完整，应急预案附件提供的信息准确。

（8）应急预案内容与相关应急预案相互衔接。

第十二章 安全生产常用标准规范

一、《化学品生产单位动火作业安全规范》AQ 3022

本标准规定了化学品生产单位动火作业分级、动火作业安全防火要求、动火分析及合格标准、职责要求及《动火安全作业证》的管理。本标准适用于化学品生产单位的动火作业。自 2009 年 1 月 1 日实施。该规范相关规定如下：

1. 动火作业安全防火基本要求

（1）动火作业应办理《动火安全作业证》，进入受限空间、高处等进行动火作业时，还须执行《化学品生产单位受限空间作业安全规范》和《化学品生产单位高处作业安全规范》的规定。

（2）动火作业应有专人监火，动火作业前应清除动火现场及周围的易燃物品，或采取其他有效的安全防火措施，配备足够适用的消防器材。

（3）凡在盛有或盛过危险化学品的容器、设备、管道等生产、储存装置及处于《建筑设计防火规范》GB 50016（2018 版）规定的甲、乙类区域的生产设备上动火作业，应将其与生产系统彻底隔离，并进行清洗、置换，取样分析合格后方可动火作业；因条件限制无法进行清洗、置换而确需动火作业时，按特殊动火作业的安全防火要求规定执行。

（4）凡处于《建筑设计防火规范》GB 50016（2018 版）规定的甲、乙类区域的动火作业，地面如有可燃物、空洞、窨井、地沟、水封等，应检查分析，距用火点 15m 以内的，应采取清理或封盖等措施；对于用火点周围有可能泄漏易燃、可燃物料的设备，应采取有效的空间隔离措施。

（5）拆除管道的动火作业，应先查明其内部介质及其走向，并制订相应的安全防火措施。

（6）在生产、使用、储存氧气的设备上进行动火作业，氧含量不得超过 21%。

（7）5 级风以上（含 5 级风）天气，原则上禁止露天动火作业。因生产需要确需动火作业时，动火作业应升级管理。

（8）在铁路沿线（25m 以内）进行动火作业时，遇装有危险化学品的火车通过或停留时，应立即停止作业。

（9）凡在有可燃物构件的凉水塔、脱气塔、水洗塔等内部进行动火作业时，应采取防火隔绝措施。

（10）动火期间距动火点 30m 内不得排放各类可燃气体；距动火点 15m 内不得排放各类可燃液体；不得在动火点 10m 范围内及用火点下方同时进行可燃溶剂清洗或喷漆等作业。

（11）动火作业前，应检查电焊、气焊、手持电动工具等动火工器具本质安全程度，保证安全可靠。

（12）使用气焊、气割动火作业时，乙炔瓶应直立放置；氧气瓶与乙炔气瓶间距不应小于 5m，两者与动火作业地点不应小于 10m，并不得在烈日下暴晒。

（13）动火作业完毕，动火人和监火人以及参与动火作业的人员应清理现场，监火人确认无残留火种后方可离开。

2. 特殊动火作业的安全防火要求

特殊动火作业在符合规定的同时，还应符合以下规定：

（1）在生产不稳定的情况下不得进行带压不置换动火作业。

（2）应事先制定安全施工方案，落实安全防火措施，必要时可请专职消防队到现场监护。

（3）动火作业前，生产车间（分厂）应通知工厂生产调度部门及有关单位，使之在异常情况下能及时采取相应的应急措施。

（4）动火作业过程中，应使系统保持正压，严禁负压动火作业。

（5）动火作业现场的通排风应良好以便使泄漏的气体能顺畅排走。

3. 动火分析及合格标准

（1）动火作业前应进行安全分析，动火分析的取样点要有代表性。

（2）在较大的设备内动火作业，应采取上、中、下取样；在较长的物料管道上动火，应在彻底隔绝区域内分段取样；在设备外部动火作业，应进行环境分析，且分析范围不小于动火点 10m。

（3）取样与动火间隔不得超过 30min，如超过此间隔或动火作业中断时间超过 30min，应重新取样分析。特殊动火作业期间还应随时进行监测。

（4）使用便携式可燃气体检测仪或其他类似手段进行分析时，检测设备应经标准气体样品标定合格。

（5）动火分析合格判定

当被测气体或蒸气的爆炸下限大于等于 4％时，其被测浓度应不大于 0.5％（体积百分数）；当被测气体或蒸气的爆炸下限小于 4％时，其被测浓度应不大于 0.2％（体积百分数）。

4.《动火安全作业证》的管理

（1）《动火安全作业证》的区分

特殊动火、一级动火、二级动火的《动火安全作业证》应以明显标记加以区分。

（2）《动火安全作业证》的办理和使用要求

1）办证人须按《动火安全作业证》的项目逐项填写，不得空项；根据动火等级，按《化学品生产单位动火作业安全规范》AQ3022 8.3 条规定的审批权限进行办理。

2）办理好《动火安全作业证》后，动火作业负责人应到现场检查动火作业安全措施落实情况，确认安全措施可靠并向动火人和监火人交代安全注意事项后，方可批准开始作业。

3）《动火安全作业证》实行一个动火点、一张动火证的动火作业管理。

4）《动火安全作业证》不得随意涂改和转让，不得异地使用或扩大使用范围。

5）《动火安全作业证》一式三联，二级动火由审批人、动火人和动火点所在车间操作岗位各持一份存查；一级和特殊动火《动火安全作业证》由动火点所在车间负责人、动火人和主管安全（防火）部门各持一份存查；《动火安全作业证》保存期限至少为 1 年。

（3）《动火安全作业证》的审批

1）特殊动火作业的《动火安全作业证》由主管厂长或总工程师审批。

2）一级动火作业的《动火安全作业证》由主管安全（防火）部门审批。

3）二级动火作业的《动火安全作业证》由动火点所在车间主管负责人审批。

（4）《动火安全作业证》的有效期限

1）特殊动火作业和一级动火作业的《动火安全作业证》有效期不超过 8h。

2）二级动火作业的《动火安全作业证》有效期不超过 72h，每日动火前应进行动火分析。

3）动火作业超过有效期限，应重新办理《动火安全作业证》。

二、《动火作业安全管理规范》Q/SY 1241

本标准规定了动火作业的安全管理要求以及相关审核、偏离、培训和沟通的管理要求。本标准适用于中国石油所属企业在生产或施工作业区域内工作程序（规程）未涵盖到的能直接或间接产生明火的作业，除为动火设置的固定场所之外，如化验室、专门的维修场所、锅炉及焚烧炉等。相关管理要求如下：

1. 基本要求

（1）动火作业实行作业许可，除在规定的场所外，在任何时间、地点进行动火作业时，应办理动火作业许可证。

（2）动火作业前，应辨识危害因素，进行风险评估，采取安全措施，必要时编制安全工作方案。

（3）凡是没有办理动火作业许可证，没有落实安全措施或安全工作方案，未设现场动火监护人以及安全工作方案有变动且未经批准的，禁止动火。

（4）动火作业许可证是动火现场操作依据，只限在同类介质、同一设备（管道）、指定的措施和时间范围内使用，不得涂改、代签。

（5）处于运行状态的生产作业区域内，凡能拆移的动火部件，应拆移到安全地点动火。

（6）在带有可燃、有毒介质的容器、设备和管道上不允许动火。确属生产需要应动火时，应制定可靠的安全工作方案及应急预案后方可动火。

（7）企业可结合实际情况，对动火作业实行分级管理。

2. 动火作业前准备

（1）风险评估

申请动火作业前，作业单位应针对动火作业内容、作业环境、作业人员资质等方面进行风险评估，根据风险评估的结果制定相应控制措施，具体执行中石油企业标准《工作前安全分析管理规范》Q/SY 1238。

（2）系统隔离

1）动火施工区域应设置警戒，严禁与动火作业无关人员或车辆进入动火区域，必要时动火现场应配备消防车及医疗救护设备和器材。

2）与动火点相连的管道应进行可靠的隔离、封堵或拆除处理。动火前应首先切断物料来源并加盲板或断开，经彻底吹扫、清洗、置换后，打开人孔，通风换气。

3）与动火点直接相连的阀门应上锁挂牌；动火作业区域内的设备、设施须由生产单位人员操作。

4）储存氧气的容器、管道、设备应与动火点隔绝（加盲板），动火前应置换，保证系统氧含量不大于 23.5％（V/V）。

5）距离动火点 30m 内不准有液态烃或低闪点油品泄漏；半径 15m 内不准有其他可燃物泄漏和暴露；距动火点 15m 内所有的漏斗、排水口、各类井口、排气管、管道、地沟等应封严盖实。

6）动火作业需要管道打开的，具体执行中石油企业标准《管线打开安全管理规范》Q/SY 1243。

（3）可燃气体检测

1）动火前气体检测时间距动火时间不应超过 30min。安全措施或安全工作方案中应规定动火过程中的气体检测时间和频次。

2）动火作业前，应对作业区域或动火点可燃气体浓度进行检测，使用便携式可燃气体报警仪或其他类似手段进行分析时，被测的可燃气体或可燃液体蒸气浓度应小于其与空气混合爆炸下限的 10％（LEL）。使用色谱分析等分析手段时，被测的可燃气体或可燃液体蒸气的爆炸下限大于等于 4％（V/V）时，其被测浓度应小于 0.5％；当被测的可燃气体或可燃液体蒸气的爆炸下限小于 4％时，其被测浓度应小于 0.2％（V/V）。

3）需要动火的塔、罐、容器、槽车等设备和管道，清洗、置换和通风后，要检测可燃气体、有毒有害气体、氧气浓度，达到许可作业浓度才能进行动火作业。

4）气体检测的位置和所采的样品应具有代表性，必要时分析样品（采样分析）应保留到动火结束。

5）用于检测气体的检测仪应在校验有效期内，并在每次使用前与其他同类型检测仪进行比对检查，以确定其处于正常工作状态。

3. 实施动火作业

（1）动火作业过程中应严格按照安全措施或安全工作方案的要求进行作业。

（2）动火作业人员在动火点的上风作业，应位于避开油气流可能喷射和封堵物射出的方位。特殊情况，应采取围隔作业并控制火花飞溅。

（3）用气焊（割）动火作业时，氧气瓶与乙炔气瓶的间隔不小于 5m，且乙炔气瓶严禁卧放，两者与动火作业地点距离不得小于 10m，并不准在烈日下暴晒。

（4）在动火作业过程中，应根据安全工作方案中规定的气体检测时间和频次进行检测，填写检测记录，注明检测的时间和检测结果。

（5）动火作业过程中，动火监护人应坚守作业现场。动火监护人发生变化需经批准。

4. 特殊情况动火作业

（1）高处动火作业

1）高处动火作业还应遵循中石油企业标准《高处作业安全管理规范》Q/SY 1236 的相关要求，高处作业使用的安全带、救生索等防护装备应采用防火阻燃的材料，需要时使用自动锁定连接。

2）高处动火应采取防止火花溅落措施，并应在火花可能溅落的部位安排监护人。

3）遇有 5 级以上（含 5 级）风不应进行室外高处动火作业，遇有 6 级以上（含 6 级）风应停止室外一切动火作业。

（2）进入受限空间动火作业

1）进入受限空间的动火还应遵循中石油企业标准《进入受限空间安全管理规范》Q/SY 1242 的相关要求，在将受限空间内部物料除净后，应采取蒸汽吹扫（或蒸煮）、氮气置换或用水冲洗等措施，并打开上、中、下部人孔，形成空气对流或采用机械强制通风换气。

2）受限空间的气体检测应包括可燃气体浓度、有毒有害气体浓度、氧气浓度等，其可燃介质（包括爆炸性粉尘）含量执行《进入受限空间安全管理规范》Q/SY 1242 第 5.3.3 条要求，氧含量 19.5%～23.5%，有毒有害气体含量应符合国家相关标准的规定。

（3）挖掘作业中动火作业

1）挖掘作业中的动火作业还应遵循中石油企业标准《挖掘作业安全管理规范》Q/SY 1247 的相关要求，采取安全措施，确保动火作业人员的安全和逃生。

2）在埋地管道操作坑内进行动火作业的人员应系阻燃或不燃材料的安全绳。

（4）其他特殊动火

1）带压不置换动火作业是特殊危险动火作业，应严格控制。严禁在生产不稳定以及设备、管道等腐蚀情况下进行带压不置换动火；严禁在含硫原料气管道等可能存在中毒危险环境下进行带压不置换动火。确需动火时，应采取可靠的安全措施，制定应急预案。

2）带压不置换动火作业中，由管道内泄漏出的可燃气体遇明火后形成的火焰，如无特殊危险，不宜将其扑灭。

5. 动火作业许可证

（1）由动火作业单位的现场负责人申请办理作业许可证，并提供如下相关资料和设施：

1）动火作业内容说明。

2）相关附图，如作业环境示意图、工艺流程示意图、平面布置示意图等。

3）风险评估（如工作前安全分析）。

4）安全工作方案。

5）可燃、有毒气体检测仪器。

6）相关安全培训或会议记录。

7）有毒有害气体、粉尘检测记录。

8）其他相关资料。

（2）动火作业许可证的期限不得超过一个班次，延期后总的作业期限不能超过24h。许可证的审批、分发、延期、取消、关闭具体执行中石油企业标准《作业许可管理规范》Q/SY 1240。

（3）如果动火作业中断超过30min，继续动火前，动火作业人、动火监护人应重新确认安全条件。

（4）动火作业结束后，应清理作业现场，解除相关隔离设施，动火监护人留守现场并确认无任何火源和隐患后，申请人与批准人签字关闭动火作业许可证。

6. 安全职责

（1）动火区域所在单位

向作业单位明确动火施工现场的危险状况，协助作业单位开展危害识别、制定安全措施，并向作业单位提供现场作业安全条件；审查作业单位动火作业安全工作方案，监督现场动火安全，发现违章作业有权撤销《动火作业许可证》。

（2）动火作业单位

负责编制动火作业安全工作方案，制定和批准安全措施和应急预案，负责作业前安全培训，严格按照《动火作业许可证》和动火作业安全工作方案施工，随时检查作业现场安全状况，发现违章或不具备安全作业条件时，有责任及时终止动火作业。

（3）动火作业申请人

动火作业申请人也是动火作业现场负责人，负责提出动火作业申请，办理作业许可证，落实动火作业安全措施，组织实施动火作业，并对作业安全措施的有效性和可靠性负责。

（4）动火作业批准人或授权人

负责审批动火作业许可证，同作业方沟通工作区域危害和基本安全要求，核查安全措施落实情况。批准人委托授权人书面授权后仍承担动火安全的最终责任。

（5）动火监护人

全面了解动火区域和部位状况，掌握急救方法，熟悉应急预案，熟练使用消防器材及其他救护器具，确认各项安全措施落实到位后方可动火，对所有现场施工人员的违章行为，有权批评教育或制止。在动火作业发生异常情况时，即刻启动应急预案。动火监护人应经过安全培训，对动火安全负直接监护责任。

（6）动火作业人

对安全动火负直接责任，执行动火安全工作方案和动火许可证的要求，动火作业前，核实动火部位、动火时间，确认各项安全措施已落实，方能动火。在动火过程中，发现不能保证动火安全时有责任停止动火。

三、《油气管道动火规范》Q/SY 64

本标准代替《油气管道动火管理规范 第1部分：天然气管道》Q/SY 64.1—2007 和《油气管道动火管理规范 第2部分：原油成品油管道》Q/SY 64.2—2007 标准规定了油气管道动火作业的管理要求。本标准适用于油气管道及其设施的动火作业。本标准于 2012 年 9 月 1 日实施，相关规范如下：

1. 运行管道焊接

（1）在运行管道上焊接宜提前对所焊管道部位进行壁厚检测。

（2）在运行的油气管道上焊接前应按以下规定提前降低管道内介质压力

1）在运行的原油管道上焊接时，焊接处管内压力宜小于此段管道允许工作压力的 50%，且原油充满管道。

2）在运行的天然气或成品油管道上焊接时，焊接处管内压力宜小于此处管道允许工作压力的 40%，且成品油充满管道。

3）当在运行压力超过上述规定限值（或管道当前壁厚低于原壁厚）的管道上进行焊接时，应按《钢质管道封堵技术规范 第 1 部分：塞式、筒式封堵》SY/T 6150.1 和《钢质管道封堵技术规范 第 2 部分：挡板-囊式封堵》SY/T 6150.2 的规定计算确定管道焊接压力，而后进行专项风险评估并制定专项预案后实施。

2. 油气管道打开

（1）对油气管道实施打开作业前应先确认管内压力降为零并排空设备、管道内介质。

（2）对油气管道实施密闭开孔，应确认开孔设备压力等级满足管道设计压力等级要求。

（3）打开管道应采用机械或人工冷切割方式。

（4）不应采用明火对油气管道进行开孔、切割等打开作业。

3. 置换与隔离

（1）对输油、气站内设备及压力容器，应采取清洗、置换或吹扫等措施后实施动火。

（2）对与动火部位相连的存有油气等易燃物的容器、管段，应进行可靠的隔离、封堵或拆除处理。

（3）在油气站库易燃易爆危险区域内，对可拆下并能实施移动的设备、管道，宜移到规定的安全距离外实施动火。

（4）在对油气管道进行多处打开动火作业时，应对相连通的各个动火部位的动火作业进行隔离；不能进行隔离时，相连通的各个动火部位的动火作业不应同时进行。

（5）与动火部位相连的管道与容器设备压力有余压的，应采取相应措施对油气管道进行封堵隔离。

（6）与动火作业部位实施隔离的阀门应进行锁定管理；动火作业区域内的输油气设备、设施应由输油气站人员操作。

（7）对输油站场进行管道打开动火作业前应排空与打开处相连管道内的油品。

（8）对输气站场进行管道打开动火作业前应放空与打开处相连管道内的天然气。

4. 可燃气体浓度和含氧量检测

（1）需动火施工的部位及室内、沟坑内及周边的可燃气体浓度应低于爆炸下限值的 10％。

（2）动火前应采用至少两个检测仪器对可燃气体浓度进行检测和复检，动火开始时间距可燃气体浓度检测时间不宜超过 10min，但最长不应超过 30min；用于检测气体的检测仪应在校验有效期内，并在每次使用前与其他同类型检测仪进行比对检查，以确定其处于正常工作状态。

（3）在密闭空间动火，动火过程中应定时进行可燃气体浓度检测，但最长不应超过 2h。

（4）对于采用氮气或其他惰性气体对可燃气体进行置换后的密闭空间和超过 1m 的作业坑，作业前应进行含氧量检测。

5. 动火过程中运行监护

（1）动火作业过程中应对与动火相关联的管道和设备的状况进行实时监控，如压力、温度等。

（2）动火作业过程中，动火监护人应坚守作业现场，动火作业监护人发生变化需经现场指挥批准。

6. 动火现场安全要求

（1）动火作业地带应分区域进行管理，具体分为：作业区、机具摆放区、车辆停放区、休息区等，并用警戒带进行隔离。休息区宜搭设简易凉棚，便于对暂无作业任务的人员进行集中管理；与动火作业无关人员或车辆不应进入动火作业区域。

（2）在密闭空间和超过 1m 的作业坑内动火作业，应根据现场环境及可燃气体浓度和含氧量检测情况确定是否采取强制通风措施。

（3）如遇有 5 级（含 5 级）以上大风不宜进行动火作业。特殊情况需动火时，应采取围隔措施。

（4）动火作业坑除满足施工作业要求外，应分别有上、下通道，通道坡度宜小于 50°。如对管道进行封堵，封堵作业坑与动火作业坑之间的间隔不应小于 1m。

（5）动火现场的电器设施、工器具应符合防火防爆要求，临时用电应执行中石油企业标准《临时用电安全管理规范》Q/SY 1244。

（6）动火施工现场 20m 范围内应做到无易燃物，施工、消防及疏散通道应畅通；距动火点 15m 内所有的漏斗、排水口、各类井口、排气管、管道、地沟等应封严盖实。

（7）动火作业前，应按方案要求做好所有施工设备、机具的检查和试运，关键配件应有备用。

（8）动火现场消防车和消防器材配备的数量和型号应在动火方案中明确；必要时，动火现场应配备医疗救护设备和器材。

（9）在易燃易爆作业场所动火作业期间，当该场所内发生油气扩散时，所有车辆不应点火启动，不应使用任何非防爆通信、照相器材。只有在现场可燃气体浓度低于爆炸下限的 10%时，方可启动车辆和使用通信、照相器材。

四、《化学品生产单位特殊作业安全规范》GB 30871

本标准规定了化学品生产单位设备检修中动火、进入受限空间、盲板抽堵、高处作业、吊装、临时用电、动土、断路的安全要求。适用于化学品生产单位设备检修中涉及的动火作业、受限空间作业、盲板抽堵作业、高处作业、吊装作业、临时用电作业、动土作业、断路作业。自 2015 年 6 月 1 日起正式实施，相关规范如下。

1. 基本要求

（1）作业前，作业单位和生产单位应对作业现场和作业过程中可能存在的危险、有害因素进行辨识，制定相应的安全措施。

（2）作业前，应对参加作业的人员进行安全教育，主要内容如下：

1）有关作业的安全规章制度；

2）作业现场和作业过程中可能存在的危险、有害因素及应采取的具体安全措施；

3）作业过程中所使用的个体防护器具的使用方法及使用注意事项；

4）事故的预防、避险、逃生、自救、互救等知识；

5）相关事故案例和经验、教训。

（3）作业前，生产单位应进行如下工作：

1）对设备、管道进行隔绝、清洗、置换，并确认满足动火、进入受限空间等作业安全要求；

2）对放射源采取相应的安全处置措施；

3）对作业现场的地下隐蔽工程进行交底；

4）腐蚀性介质的作业场所配备人员应急用冲洗水源；

5）夜间作业的场所设置满足要求的照明装置；

6）会同作业单位组织作业人员到作业现场，了解和熟悉现场环境，进一步核实安全措施的可靠性，熟悉应急救援器材的位置及分布。

（4）作业前，作业单位对作业现场及作业涉及的设备、设施、工器具等进行检查，并使之符合如下要求：

1）作业现场消防通道、行车通道应保持畅通；影响作业安全的杂物应清理干净；

2）作业现场的梯子、栏杆、平台、箅子板、盖板等设施应完整、牢固，采用的临时设施应确保安全；

3）作业现场可能危及安全的坑、井、沟、孔洞等应采取有效防护措施，并设警示标志，夜间应设警示红灯；需要检修的设备上的电器电源应可靠断电，在电源开关处加锁并加挂安全警示牌；

4）作业使用的个体防护器具、消防器材、通信设备、照明设备等应完好；

5）作业使用的脚手架、起重机械、电气焊用具、手持电动工具等各种工器具应符合作业安全要求；超过安全电压的手持式、移动式电动工器具应逐个配置漏电保护器和电源开关。

（5）进入作业现场的人员应正确佩戴符合《安全帽》GB 2811 要求的安全帽，作业时，作业人员应遵守本工种安全技术操作规程，并按规定着装及正确佩戴相应的个体防护用品，多工种、多层次交叉作业应统一协调。

特种作业和特种设备作业人员应持证上岗。患有职业禁忌症者不应参与相应作业。

注：职业禁忌证依据《职业病诊断名词术语》GBZ/T 157。

作业监护人员应坚守岗位，如确需离开，应有专人替代监护。

（6）作业前，作业单位应办理作业审批手续，并有相关责任人签名确认。

同一作业涉及动火、进入受限空间、盲板抽堵、高处作业、吊装、临时用电、动土、断路中的两种或两种以上时，除应同时执行相应的作业要求外，还应同时办理相应的作业审批手续。

作业时审批手续应齐全、安全措施应全部落实、作业环境应符合安全要求。作业审批手续的相关内容参见《化学品生产单位特殊作业安全规范》GB 30871 附录 A 和附录 B。

（7）当生产装置出现异常，可能危及作业人员安全时，生产单位应立即通知作业人员停止作业，迅速撤离。

当作业现场出现异常，可能危及作业人员安全时，作业人员应停止作业，迅速撤离，作业单位应立即通知生产单位。

（8）作业完毕，应恢复作业时拆移的盖板、箅子板、扶手、栏杆、防护罩等安全设施的安全使用功能；将作业用的工器具、脚手架、临时电源、临时照明设备等及时撤离现场；将废料、杂物、垃圾、油污等清理干净。

2. 动火作业

（1）作业分级

1）固定动火区外的动火作业一般分为二级动火、一级动火、特殊动火三个级别，遇节日、假日或其他特殊情况，动火作业应升级管理。

注：企业应划定固定动火区及禁火区。

2）二级动火作业：除特殊动火作业和一级动火作业以外的动火作业。凡生产装置或系统全部停车，装置经清洗、置换、分析合格并采取安全隔离措施后，可根据其火灾、爆炸危险性大小，经所在单位安全管理部门批准，动火作业可按二级动火作业管理。

3）一级动火作业：在易燃易爆场所进行的除特殊动火作业以外的动火作业。厂区管廊上的动火作业按一级动火作业管理。

4）特殊动火作业：在生产运行状态下的易燃易爆生产装置、输送管道、储罐、容器等部位上及其他特殊危险场所进行的动火作业，带压不置换动火作业按特殊动火作业管理。

（2）作业基本要求

1）动火作业应有专人监火，作业前应清除动火现场及周围的易燃物品，或采取其他有效安全防火措施，并配备消防器材，满足作业现场应急需求。

2）动火点周围或其下方的地面如有可燃物、空洞、窨井、地沟、水封等，应检查分析并采取清理或封盖等措施；对于动火点周围有可能泄漏易燃、可燃物料的设备，应采取隔离措施。

3）凡在盛有或盛装过危险化学品的设备、管道等生产、储存设施及处于《建筑设计防火规范》GB 50016（2018 版）、《石油化工企业设计防火标准》GB 50160（2018 年版）、《石油库设计规范》GB 50074 规定的甲、乙类区域的生产设备上动火作业，应将其与生产系统彻底隔离，并进行清洗、置换，分析合格后方可作业；因条件限制无法进行清洗、置换而确需动火作业时按《化学品生产单位特殊作业安全规范》GB 30871 第

5.3 条规定执行。

4）拆除管道进行动火作业时，应先查明其内部介质及其走向，并根据所要拆除管道的情况制定安全防火措施。

5）在有可燃物构件和使用可燃物做防腐内衬的设备内部进行动火作业时，应采取防火隔绝措施。

6）在生产、使用、储存氧气的设备上进行动火作业时，设备内氧含量不应超过 23.5%。

7）动火期间距动火点 30m 内不应排放可燃气体；距动火点 15m 内不应排放可燃液体；在动火点 10m 范围内及动火点下方不应同时进行可燃溶剂清洗或喷漆等作业。

8）铁路沿线 25m 以内的动火作业，如遇装有危险化学品的火车通过或停留时，应立即停止。

9）使用气焊、气割动火作业时，乙炔瓶应直立放置，氧气瓶与之间距不应小于 5m，两者与作业地点间距不应小于 10m，并应设置防晒设施。

10）作业完毕应清理现场，确认无残留火种后方可离开。

11）5 级风以上（含 5 级）天气，原则上禁止露天动火作业。因生产确需动火，动火作业应升级管理。

（3）特殊动火作业要求

特殊动火作业在符合上述规定（2）的同时，还应符合以下规定：

1）在生产不稳定的情况下不应进行带压不置换动火作业；

2）应预先制定作业方案，落实安全防火措施，必要时可请专职消防队到现场监护；

3）动火点所在的生产车间（分厂）应预先通知工厂生产调度部门及有关单位，使之在异常情况下能及时采取相应的应急措施；

4）应在正压条件下进行作业；

5）应保持作业现场通风排风良好。

（4）动火分析及合格标准

1）作业前应进行动火分析，要求如下：

① 动火分析的监测点要有代表性，在较大的设备内动火，应对上、中、下各部位进行监测分析；在较长的物料管道上动火，应在彻底隔绝区域内分段分析；

② 在设备外部动火，应在不小于动火点 10m 范围内进行行动火分析；

③ 动火分析与动火作业间隔一般不超过 30min，如现场条件不允许，

间隔时间可适当放宽，但不应超过 60min；

④ 作业中断时间超过 60min，应重新分析，每日动火前均应进行动火分析；特殊动火作业期间应随时进行监测；

⑤ 使用便携式可燃气体检测仪或其他类似手段进行分析时，检测设备应经标准气体样品标定合格。

2）动火分析合格标准为：

① 当被测气体或蒸气的爆炸下限大于或等于 4% 时，其被测浓度应不大于 0.5%（体积分数）；

② 当被测气体或蒸气的爆炸下限小于 4% 时，其被测浓度应不大于 0.2%（体积分数）。

附　　录

附录 1：动火安全作业证

动火安全作业证见附表 1-1。

申请单位			申请人		作业证编号	
动火作业级别						
动火方式						
动火时间	自　　年　　月　　日　　时　　分始至　　年　　月　　日　　时　　分止					
动火作业负责人				动火人		
动火分析时间	年　月　日　时		年　月　日		年　月　日　时	
分析点名称						
分析数据						
分析人						
涉及的其他 特殊作业						
危害辨识						

序号	安全措施	确认人
1	动火设备内部构件清理干净，蒸汽吹扫或水洗合格，达到用火条件	
2	断开与动火设备相连接的所有管道，加盲板（　　）块	
3	动火点周围的下水井、地漏、地沟、电缆沟等已清除易燃物，并已采取覆盖、铺沙、水封等手段进行隔离	
4	罐区内动火点同一围堰和防火间距内的油罐不同时进行脱水作业	
5	高处作业已采取防火花飞溅措施	
6	动火点周围易燃物已清除	
7	电焊回路线已接在焊件上，把线未穿过下水井或其他设备搭接	
8	乙炔气瓶（直立放置）、氧气瓶与火源间的距离大于 10m	

续表

序号	安全措施	确认人
9	现场配备消防蒸汽带（　　）根，灭火器（　　）台，铁锹（　　）把，石棉布（　　）块	
10	其他安全措施： 编制人：	

生产单位负责人		监火人		动火初审人	
实施安全教育人					

申请单位意见	签字：　　年　　月
	日　　时　　分

安全管理部门意见	签字：　　年　　月
	日　　时　　分

动火审批人意见	签字：　　年　　月
	日　　时　　分

动火前，岗位当班班长验票	签字：　　年　　月
	日　　时　　分

完工验收	签字：　　年　　月
	日　　时　　分

附录 2：某大型燃气集团动火作业等级划分

某大型燃气集团动火作业等级划分表（参考），见附表 2-1。

某大型燃气集团动火作业等级划分表（参考） 附表 2-1

动火作业等级划分	站场		高压、次高压管网	中压管网	
	作业区域	设施类型和作业类别	作业类别	管道压力	管径
四级动火	站场防爆区域外	除工艺管道、设备外的其他设施的所有动火作业		低压管道	所有管径
				中压地上管道	DN50（含）以下

续表

动火作业等级划分	站场		高压、次高压管网	中压管网	
	作业区域	设施类型和作业类别	作业类别	管道压力	管径
三级动火	站场防爆区域内	除工艺管道和设备外其他设施的所有动火作业及工艺管道和设备上的机械打磨除锈作业	高压、次高压管道上牺牲阳极铝热焊、无焊接的补强作业、收缩套防腐等作业	中压地上管道	DN50 以上
				中压地下钢制管道	DN200（含）以下
				中压地下PE管道	DN300（含）以下
二级动火	站场防爆区域内	非燃气工艺管道、设备及燃气工艺管道的放散管和排污管的焊接、切割等作业	高压、次高压管道上机械除锈，管道补强作业	中压地下钢制管道	DN200 以上DN400（含）以下
				中压地下PE管道	DN300 以上
一级动火	站场防爆区域内	燃气工艺管道、设备的焊接、切割等作业	高压、次高压管道、设备的焊接、切割作业	中压地下钢制管道	DN400 以上

注：动火作业同时有其他特殊作业的，如高空作业、有限空间作业等，应按照其中某个等级最高的特殊作业办理作业许可手续。

附录3：动火作业方案

动火作业方案

作业名称：

工程编号：

编制人：

审批人：

编制日期：

动火作业思维导图见附图 3-1。

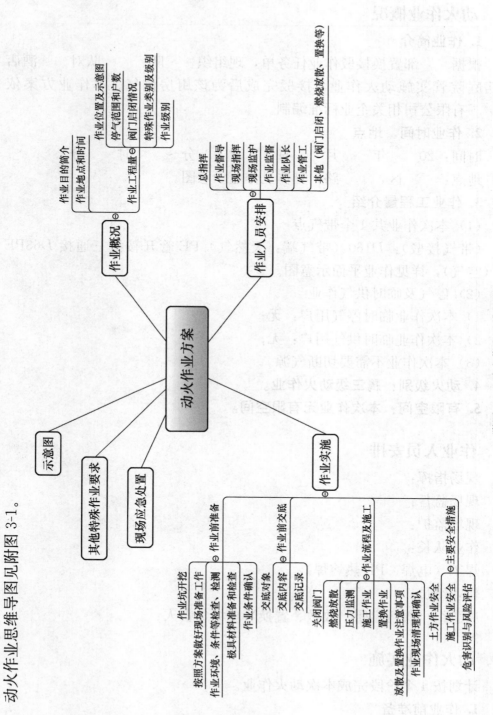

附图 3-1 动火作业思维导图

一、动火作业概况

1. 作业简介

根据　　部置换接驳作业任务单，现组织　　队、　　队对　　酒店厨房庭院管实施动火作业，接驳完成后为该厨房供气。本作业方案依据　　有限公司相关企业标准编制。

2. 作业时间、地点

时间：20　　年　　月　　日　　时　　分～　　时　　分。

地点：　　区，　　路，具体见作业示意图。

3. 作业工程量介绍

（1）本次作业共 1 个带气点

（带气接驳）：$D160$（带气端：天然气）PE 管开鞍型三通接 $D63$PE 管（空气），详见作业平面示意图。

（2）停气及临时供气作业

1）本次作业临时停气用户：无；

2）本次作业临时供气用户：无；

（3）本次作业不需要切断气源。

4. 动火级别：属三级动火作业。

5. 有限空间：本次作业无有限空间。

二、作业人员安排

现场指挥：

现场监督：

现场监护：

作业队长：

焊工（电焊、PE 热熔焊）：

作业组员：

应急组（阀门启闭、放散、置换）现场负责人：

三、动火作业实施

计划按 4 个阶段完成本次动火作业。

1. 作业前准备

（1）土方开挖：此次动火作业有 1 个带气作业点，需要开挖 1 个操作坑。土方负责人在操作坑挖毕前 1h 通知作业点所属片区队长现场查勘。抢修队长需及时跟踪作业点开挖情况，根据现场管道情况组织人员、调配机具管材，做好施工准备。

（2）碰口作业施工前准备：接到审批合格的碰口作业方案后，动火作业前 48h，负责队队长电话通知安全员到场监督。

（3）检查待施工管段周边沟井是否有浓度，如发现问题，立即停止施工，待查明并解决问题后方可继续作业。

（4）施工机具和材料准备（附表 3-1）

施工机具和材料准备　　　　　　　　　　　　　　　　　附表 3-1

序号	名称	单位	数量	备 注
1	车辆	辆	3	
2	施工设备	套	1	包括发电机、电焊机、PE 焊机、断气夹、手锯、圆盘电锯
3	防护用品	套	1	灭火器、防爆风机、警示带、警示牌、安全带、安全绳、反光衣、安全帽、手套
4	检测仪器	套	1	多气体浓度检测仪、泄漏检测仪、甲烷体积浓度检测仪
5	De160、De63 管材和管件		若干	现场施工以实际用量为准
6	氮气	瓶	若干	

（5）供气前检查：

正式接驳前，相关片区队所长安排人员对拟动火项目做作业前检查，检查合格后再实施动火作业。

（6）新建管段氮气置换（无）。

2. 作业前交底要求

主作业前交底内容包括以下要点：主要工作量、安全措施、各作业人员岗位职责、作业要求、作业方法与程序等。

3. 具体作业流程、施工方法

（1）临时供气作业（无）。

（2）气体放散作业。

1）余气放散（无）。

2）带气管氮气置换（无）。

3）空气放散。

通过放散阀将新建 $D63$ 庭院管内空气排放完全。

（3）燃气管道接驳作业

1）作业步骤

作业前关闭待用气点出地阀门。

前期准备工作完成后，在开三通处设置、固定 $D160/D63$ 鞍型三通，完成后实施焊接作业。

新建 $D63$ 管道管口断面整理完毕且接驳完成后实施焊接作业。

焊口冷却完毕，缓慢转动旋刀实施扩孔，扩孔完毕回转旋刀至最低点。旋转完毕实施焊口查漏。

2）注意事项：

① 施工期间，需要按规定在碰口作业点附近配备防爆风机，对操作区域进行持续吹扫。并定时用泄漏探测仪探测操作区域内燃气浓度，保证施工安全。

② 焊接完毕，作业组长及现场监护对焊口检查，以确保合格。

③ 施工中应控制施工时间等问题，把对交通、用户的影响降低到最小程度。

（4）置换作业

管网置换步骤：待供气庭院管置换至出地阀；

1）间歇开启系统末端放散阀进行放散；

2）试燃检查应按"先点火后开气"顺序操作，观察火焰，若为呈黄色火焰或有燃烧噪声时，需继续排放，直至火焰为蓝色透明并在管道末端放散阀处连续 3 次检测甲烷体积浓度达到 95％ 以上为合格。确认置换完全，关闭放散阀。

3）施工中应注意控制土方开挖、施工时间等问题，把对交通、用户的影响降低到最小程度。

4. 主要安全措施

（1）对土方开挖及回填的要求

1）土方队严格按照确认后的地下燃气管道位置实施开挖作业，土方开挖的坑道应在满足作业要求和技术标准的前提下，尽量缩窄宽度，减少对道路或人行道的影响。

2）土方作业前，必须设置警示牌，用警示带隔离出作业区域，再用新改进的专用围栏将工地围起来。

3）施工时应保持周围环境清洁，挖出的土方必须马上装车运走，避免占用道路和造成环境破坏。

4）待作业完毕，抢修队确认可回填后，土方队应即刻予以回填恢复。按公司对填土的规定回填，夯实后，再恢复成开挖前的地貌，考虑到回填土的下沉问题，土方队应派人留守一段时间，负责填补下沉的开挖路面，直到路面不再下沉方可离开，确保行人和车辆的安全通行。

5）保证人力，服从现场管理人员指挥。

（2）施工安全要求

1）建立、完善安全生产领导小组，有组织、有领导地开展安全管理活动。

2）建立各级人员安全生产责任制度，明确各级人员安全责任，做到横向到边、人人负责。抓制度落实，定期检查安全责任落实情况。使施工人员有一个安全、健康的工作环境。

3）从事生产管理和操作的人员，依其从事的生产内容，在进入岗位前，分别通过安全检查和安全教育，取得安全认可证，对电工、电焊工等特殊工种要持证上岗。作业前，要有对操作人员的安全技术交底。

4）进入施工现场必须带好个人防护用具。严禁冒险作业、酒后操作和带病上岗。

5）每个作业点需配置两个以上灭火器。

6）施工警戒线内严禁抽烟等产生明火的行为。

7）施工现场用电作业严格按集团公司《SGC-A-A-5.6-2008 施工现场用电安全规程》实施。

8）严格遵守公司的有关安全规定，何时开始切割、何时开始试漏均要得到现场指挥人员的同意。

9）所有施工人员均应接受安全管理人员的监督，安全人员有权制止一切违反安全规程的操作。

10）施工时，尽量不要打扰周围居民用户的正常生活。

（3）作业危害分析

开展动火作业危害分析，明确作业重点，强化作业人员的安全责任意识，作业危害分析（JHA）记录表见附表3-2。

作业危害分析（JHA）记录表　　　　　　附表 3-2

序号	工作步骤	危　害	潜在事件或后果	现有安全控制措施	L	S	风险度（R）	建议改正/控制措施
1	制定方案	未能充分掌握现场情况，级别不对	方案失效	动火作业规程	2	5	10	对编制方案人员进行培训
2	审批方案	没有按流程审批	违章作业	动火作业规程	1	5	5	流程约束
3	作业前交底	未进行作业交底或交底不全面	违章作业，发生突发事故不能有效应对，引发安全事故	作业前交底	3	5	15	流程约束
4	作业前检查	作业现场条件不具备	影响施工质量遗留隐患或引发安全事故	制定方案前掌握作业现场	2	5	10	流程约束
		作业人员生病或精神状态不适合作业；或未按规定佩戴防护用品	人员伤亡	现场监护进行辨识、掌控；安全意识	1	5	5	安全培训，制度、流程约束
		没有进行气体浓度检测	发生爆炸、窒息等安全事故，如引发附近沟、井内气体爆炸	现场监护辨识、掌控；安全意识	2	5	10	安全培训，制度、流程约束
		未进行碰口前检查	燃气泄漏或爆燃、爆炸，串气引发用户系统事故	现场监护辨识、掌控；安全意识	3	5	15	安全培训，制度、流程约束
5	安全监督	监督人员不在现场	违反规章制度	制度约束	1	5	5	安全培训，制度、流程约束
		没有履行监督职责	违章作业不能得到及时纠正和制止，引发安全责任事故	制度约束	1	4	4	安全培训，制度、流程约束

序号	工作步骤	危 害	潜在事件或后果	现有安全控制措施	L	S	风险度（R）	建议改正/控制措施
6	动火作业	系统未完全隔离	燃气泄漏，引发爆燃、爆炸	现场监护辨识、掌控；	2	5	10	流程约束、强化监管
		开口前未仔细检查和考虑配管	造成接驳困难或引发安全事故，影响供气	细化技术交底	2	5	10	流程约束、强化监管
		再次作业前未检测浓度	混合气体处于爆炸极限范围，可能引发爆燃、爆炸	集团公司操作规程	2	5	10	流程约束、强化监管
		焊接作业未按照规程作业	质量隐患，或作业失败	制度约束	2	3	6	流程约束、强化监管
7	查漏	未按照要求查漏或查漏不合格	恢复供气后造成再次抢修，影响用户	制度约束	1	5	5	流程约束、强化监管
8	回填与现场清理	未及时回填和清理现场	引发市民投诉，造成行人伤害或财物损失	制度约束	3	4	12	流程约束、强化监管
9	作业资料	未能按照规求填写作业记录	违反规章制度，造成管网信息不明确，遗留管理隐患	制度约束	1	3	3	流程约束、强化监管
10	信息反馈	未向巡查、供气等部门（班组）反馈碰口信息	管理缺失，引发供气事故和人员伤亡	制度约束	1	5	5	流程约束、强化监管

四、动火作业应急措施

（1）凡经批准的动火作业，应按动火作业方案认真落实安全防火措施，做好必要的应急准备。

（2）支援要求

1）三级动火作业前，作业单位应将作业情况报供气单位抢修部门，抢修部门做好抢险准备，随时待命出发，直至动火作业完毕。

2）二级、一级动火作业前，作业单位应将作业情况报供气单位抢修部门；抢修部门按动火作业方案派出必要的抢险队员、抢险工具、抢险车辆，到达作业现场待命，做好抢险准备，直至动火作业完毕。

（3）动火作业中一旦发生意外事故，现场指挥应立即组织报警、抢救，并启动应急预案，按预案程序实施处理。

附件：碰口作业点示意图（略）

附录4：大型动火作业记录表

大型动火作业记录表（试行）见附表4-1。

大型动火作业记录表（试行）　　　　　　　　附表 4-1

工程概况	动火作业名称			动火级别	
	地　点			动火日期	
现场指挥部	现场总指挥		调度负责人		安全负责人
	技术负责人		施工单位负责人		碰管单位负责人
碰管前检查（阀井）	停气阀井有无异常：　　有　　无				
	阀井异常情况及处理措施				
碰管前检查（操作坑）	操作坑是否合格：　是　否		坑内管道是否符合设计图：　是　否		
	异常情况及处理措施				
	检查人		被检单位		检查时间
	是否整改不合格的操作坑：　是　否				
	整改情况				
碰管前检查（人员材料机具）	人员是否到位		材料是否符合碰管要求		机具是否正常
	是　　否		是　　否		是　　否
	异常情况及处理措施				

停气放散情况	停气完成时间		放散开始时间		压力回零时间	
	停气实施人		放散实施人			
	异常情况及处理措施					
天窗开口情况	现场指挥人			开口时间		
	开口位置			开口管径		
	异常情况及处理措施					
加设隔离球及燃气浓度检测	加完隔离球时间		置换开始时间		置换完成时间	
	检测点					
	检测人					
	最终检测浓度					
碰管情况	碰管开始时间			碰管结束时间		
	碰管点	现场负责人	施工单位	焊　工	碰管管径	异常情况
	异常情况及处理措施					
新管道、设备置换及恢复供气	是否置换	是　否	置换介质		置换负责人	
	恢复供气时间			开气实施人		

填表人：　　　　　　　　　　　　　　　填表时间：

附录5：埋地燃气管道动火作业资料

埋地燃气管道压力试验记录见附表5-1。

埋地燃气管道压力试验记录 附表 5-1

工程名称										
压力表型号			压力表编号				压力表精度			
工程名称	试验类型	试验介质	温度	初始时间	结束时间	初始压力	结束压力	实际压力降	允许压力降

允许压力降公式：

同一管径：$\Delta P = 6.47T/d$

不同管径：$\Delta P = 6.47T(d_1L_1 + d_2L_2 + \cdots + d_nL_n)/(d_1{}^2L_1 + d_2{}^2L_2 + \cdots + d_n^2L_n)$

ΔP——允许压力降（Pa）；T——试验时间段（h）；d——管段内径（m）

注意：

（1）填写表格单位要求：

1）压力单位为 MPa；温度单位为℃。

2）初始、结束时间填写要求：如 2007 年 3 月 21 日 14 时 20 分。

（2）中压管道严密性试验要求：试验介质为氮气，试验压力 0.345MPa，试验时间 24h。

（3）中压管道强度试验要求：试验介质为氮气，压力 0.45MPa，试验时间 1h

验收意见：

作业队员签字	作业队长签字	班组质安员签字

土方安全技术交底记录表见附表 5-2。

土方安全技术交底记录表　　　　　　　　　　　　附表 5-2

工程名称		工程编号	
记录人		交底日期	
土方分包单位			

交底内容：

(1) 土方开挖人员必须经过土方分包单位内部进行的安全教育，并考核合格。所有进入施工现场必须戴安全帽，系好下颚带、锁好带扣，统一着装。

(2) 土方队开挖作业前，必须设置警示牌，用警示带和专用围栏隔离出作业区域，并设置安全标志，加挂《挖掘许可证》。

(3) 土方队应严格按照确认后的地下燃气管道位置实施开挖作业，土方开挖的坑道应在满足作业要求和技术标准的前提下，减少对道路或人行道的影响。

(4) 土方队横破车行道必须于事先通知抢修队到场，经测量放线后切割开挖；埋置深度、宽度必须满足抢修队和规范要求（有足够的作业操作和逃生空间，对于埋深超过 1.5m 的操作坑，需设置逃生通道；作业坑采取防塌方措施。）。夜间作业应设置防爆照明。土方队开挖完毕前 1h 通知抢修队到现场验收。

(5) 挖掘出来的泥土必须当天清运，不得堆放在道路和绿化带，保持周围环境清洁（如现场不具备清运开挖土条件，必须获公司现场指挥首肯，且需将开挖弃土堆砌在距离操作坑边缘至少 1m 处）；回填全部用石粉渣（含水量 12%）分层夯实，每层虚铺厚度不超过 25cm，人行道密实度必须达到 85%，车行道密实度必须达到 95%。

(6) 待施工作业完毕，抢修队确认可回填后，土方队应及时回填恢复，确保行人和车辆的安全通行。

(7) 土方队应保证人力，服从现场管理人员指挥，并应积极配合各抢修队的施工；对于操作坑已开挖完毕但因特殊情况延迟管道施工的情况，土方队需派专人对各操作坑进行巡检，避免发生安全事故。

(8) 施工中出现的任何安全事故及施工过程造成的第三方财产破坏均由土方队负责。

(9) 要求土方队按照国务院《城市道路管理条例》等施工要求文明施工。

补充说明：

抢修队参与交底人员	
土方分包单位参与交底人员	

操作坑开挖及回填检查记录见附表 5-3。

操作坑开挖及回填检查记录

附表 5-3

工程名称		工程编号	
开挖日期		安全监护	

开挖点及相邻沟井可燃气体浓度检测记录
（开挖点（K）、雨水井（Y）、污水井（W）、电缆井（D）、通信井（T）浓度检测）

位置 时间	检测值	检测值	检测值	检测值	检测值	检测值	检测值	检测值	检测值

开挖混凝土路面	
开挖人行道路面	
开挖绿化	

回填检查日期		检查人	

回填及恢复情况	（1）井体砌筑牢固；　□ （2）人行道及车行道上的井盖与路面平齐，绿化带上的井盖高出地面 10cm；　□ （3）井盖表面燃气字样清晰，涂黄色外环，中间涂红色；　□ （4）井内空间操作方便；　□ （5）非直埋式阀门井内清洁无积水和赃物，有上下爬梯且牢固；　□ （6）管道拐点、三通、起终点、直线管段 20m 等位置埋设标志桩；　□ （7）标志桩埋设于管道正上方，人行道及车行道上的标志桩与路面平齐，绿化带上的标志桩高出地面 10cm　□ 合格打√　　　不合格打×

施工安全技术交底记录见附表 5-4。

安全技术交底记录   附表 5-4

施工情况简介		
现场与方案不符 更改内容	现场督导及 现场指挥签字	
施工前现场 技术交底	(1) 严格按方案内容施工，遇到现场与施工不符，及时通知现场指挥。 (2) 施工作业时应注意施工安全与交通安全。 (3) 确保施工质量。 (4) 确保管道置换干净。 补充1： 补充2： 补充3： 交底人：	
施工前现场 安全交底	根据碰口作业方案内容的要求，现场作业人员必须严格执行公司的各项安全管理制度，遵守安全操作规程，牢记"安全第一、预防为主"的生产方针，做到"不伤害自己、不伤害他人、不被他人伤害"，同时施工时注意以下要求： (1) 操作坑及安全逃生通道必须符合要求。 (2) 工作范围、工作职责必须分工明确。 (3) 作业区域警戒划分必须清楚明了，安全设施到位。 (4) 劳动防护用品必须佩带整齐。 (5) 用电设备设施必须完好，有接地。 补充1： 补充2： 补充3： 安全员：	
施工人员签到表		

进入有限空间作业现场许可证见附表5-5。

进入有限空间作业现场许可证　　　　　　　　附表 5-5

工程概况				
项目名称		作业地点：		
作业时间		工作类别：		B类
密闭场地情况；	敞口作业坑	现场监护：		
现场指挥：		现场监督：		
作业人员：				

一、隔离检测

（1）隔离方法：□ 所有管道出入口已隔离（列明方法）　　□气体/ 液体 / 其他
　　　　　　　□ 所有机械推动部分已截断　　　　　　□所有电路已隔离
　　　　　　　□ 所有隔离位置已挂有警示指示　　　　□其他隔离
　　　　　　　□ 容器或设备已减压及排清

（2）清洗及置换：
清洗或置换介质：　□氮气　□蒸汽　□水　□其他

（3）通风：
通风方式：　　　□送风机 □抽风机 □其他：

（4）空气检验：氧气 ＿＿＿＿＿＿＿ ％（最高 19.5％～23.5％）
　　　　　　　易燃性气体 ＿＿＿＿＿＿＿ ％LEL
　　　　　　　一氧化碳 ＿＿＿＿＿＿＿ ％（最高 25ppm）
　　　　　　　硫化氢 ＿＿＿＿＿＿＿ ％（最高 10ppm）
　　　　　　　其他：＿＿＿＿＿＿＿
测试人： 　　　　　　日期： 　　　时间

二、预防措施

（1）个人防护设备：
□防护服 □安全带　□检测仪　□呼吸器　□护目镜　□其他：＿＿＿＿＿＿

（2）通信设备：
联络方式：＿＿＿＿＿＿＿　使用设备：

（3）照明：□自然采光 □12V 照明 □24V 照明 □36V 照明 □其他：

（4）消防：□灭火器（型号：＿＿＿＿＿＿＿ ）　□其他：
三、上述隔离检测和预防措施本人已确认，符合作业要求，可以进行作业。 现场指挥：　　　　　　　　　　　日期　　　　　　时间
四、现场指挥责任移交
本人已将现场指挥工作交与新现场指挥人 现场指挥人：　　　　　　　　　　日期　　　　　　时间   本人已明确现场指挥工作和责任 新现场指挥人：　　　　　　　　　日期　　　　　　时间   本人批准此现场指挥责任移交 现场监督人： 　　　　　　　　日期　　　　　　时间
五、清场
现场作业已完成，所有人员已离开 现场指挥：　　　　　　　　　　　日期　　　　　　时间

阀门启闭记录见附表 5-6。

附表 5-6

阀门启闭记录表

项目名称															
作业单编号									作业地点						
									现场指挥及电话						

隔离点编号（可以根据图纸）	隔离方式（是打"√"，不是打"×"）								隔离点位置	实施隔离			解除隔离		
	关闭阀门		安装 PE 管夹		挂牌		加锁		具体相对位置	实施隔离时间	操作人	确认人	解除隔离时间	操作人	确认人
	是	不是	是	不是	是	不是	是	不是							
管线															
介质															
隔离															

备注															

管网压力监控记录表见附表 5-7。

管网压力监控记录表

项目名称				记录时间	
编　号	位　置	监控人签名	编　号	位　置	监控人签名
监控点 1			监控点 4		
监控点 2			监控点 5		
监控点 3			监控点 6		

压力监控记录（压力表读值）

时间段	监控点 1	监控点 2	监控点 3	监控点 4	监控点 5	监控点 6

燃气抢修/施工管网停气、恢复供气确认表见附表 5-8。

燃气抢修/施工管网停气、恢复供气确认表　　　　　　　附表 5-8

名称：

	停气、恢复停气范围 （用户分布基本情况）	客户服务部 确认意见	运行部门确认意见
管网停气确认	停气小区（公用户）		
		签名： 确认：	签名： 确认：
管网恢复供气确认	恢复小区（公用户）		
		签名： 确认：	签名： 确认：

说明：1. 停气、恢复供气范围由某公司或部门根据现场实际情况统计填写，居民楼宇分布、工商用户、居民用户数量要准确，双方现场负责人共同确认。

　　　2. 因紧急抢修造成的意外停气和因正常施工作业造成的停气。

气体检测记录见附表 5-9。

气体检测记录 　　　　　　　　　　　　　　　　　　　　　附表 5-9

项目名称							作业队长及电话	
项目地点							作业单编号	
待检点数量							检测人	
检测点位置							检测点编号	
检测点号 气体名称	检测值	检测时间	检测值	检测时间	检测值	检测时间	检测值	检测时间
氧气含量 （安全范围： 大于18％ 小于23.5％）								
可燃气体 含量（安全范围： 低于爆炸下限 的20％）								
一氧化碳含量 （安全范围： 低于35ppm）								
备注								

动火现场监督许可表见附表 5-10。

动火现场监督许可表　　　　　　　　　　　　　　**附表 5-10**

一、作业概况：	
项目名称：	作业级别：<u>三级</u>
作业地点：	现场监护：
作业时间：	动焊人员：
现场指挥：	监督人员：

二、现场作业条件
（1）天气情况：□晴天　□多云　□雨　□雷暴 是否具备安全要求：□是　□否
（2）作业人员身体、精神状况是否符合作业要求：□是　□否
（3）作业方案是否按规定审批完毕：□是　□否
（4）现场已进行安全技术交底，作业人员分工明确：□是　□否
（5）作业单位及其他相关协助单位的人员、设备、机具、材料是否全部到位：□是　□否
（6）警戒情况：警戒范围：_____m；　警戒标志、范围设置是否合适：□是　□否
（7）个人防护设备：□安全帽　□工作服　□工作鞋　□反光背心　其他：_____ 是否符合作业需求：□是　□否
（8）消防器材：□灭火器（型号：　　　　）　□其他： 数量是否满足需求：□是　□否
（9）通信设备：是否使用通信设备：□是　□否，　类型：_____； 是否符合作业需求：□是　□否
现场条件已进行确认，符合作业要求，可以进行作业。 现场监护：　　　　　　　　　　　　　　现场指挥：
三、动火作业许可
（1）能源隔离（是否采取能源隔离措施）：□是 □否
1）系统是否完全隔离，无内漏：□是 □否

2）①作业管段燃气已完全放散：□是 □否

② 是否采用惰性气体置换：□是 □否

③ 置换后可燃气体浓度值检测结果____%LEL，结果符合要求：□是 □否

注：浓度值要求低于可燃气气体爆炸下限的 20%。

3）作业面有毒有害气体及可燃气体检测，浓度符合要求：□是　□否

（2）电器隔离

电器隔离是否完成：□是　□否

动火作业前情况已进行确认，符合动火作业要求，可以进行作业。

现场监护：　　　　　　　　　　　　　　　现场指挥：

四、作业过程

（1）作业过程是否按方案进行：□是　□否

（2）作业方案变更有确认。确认人：　　　　　日期：　　　　时间：

五、解除隔离

（1）作业已完成，安装质量是否符合要求：□是　□否

（2）作业管道进行了置换，浓度检测是否符合要求：□是　□否

（3）管道及设施检查是否有泄漏：□是　□否

（4）系统是否具备恢复供气条件：□是　□否

准许解除隔离措施，恢复正常供气。

现场监护：　　　　　　　　　　　　　　　现场指挥：

六、现场指挥责任移交

本人已将现场指挥工作交与新现场指挥人

现场指挥人：　　　　　　　　　日期：　　　　　时间：

本人已明确现场指挥工作和责任

新现场指挥人：　　　　　　　　日期：　　　　　时间：

本人批准此现场指挥责任移交

现场监督人：　　　　　　　　　日期：　　　　　时间：

燃气管道含氧量及管网末端甲烷含量检测验收记录表见附表 5-11。

燃气管道含氧量及管网末端甲烷含量检测验收记录表　　　　附表 5-11

项目名称					
项目编号				检测结果	
序号	时间	含氧量检测地点	含氧量检测结果（%）	是否合格（是否不高于2%）	检测人签字确认
序号	时间	甲烷检测地点	甲烷检测结果（%）	是否合格（是否不低于80%）	检测人签字确认
0					

注意：1. 在带气施工完毕后，必须在管网末端进行天然气浓度检测并按要求填写上表。

　　　2. 每项检查均需填写 2 次或 2 次以上的已合格的作业数据。

抢修队长（签字）：

抢修部质安员（签字）：

隐蔽工程质量检查表见附表 5-12。

隐蔽工程质量检查表 附表 5-12

工程名称				
工程概况				
施工单位		施工日期		
隐蔽工程质量检查情况				
检查内容	检查项目	质量要求	检查情况	作业人员
焊接	坡口质量	（1）坡口表面及两侧 10mm 范围内无油漆、油污及其他赃物； （2）坡口尺寸符合规范要求； （3）坡口表面无裂纹、气孔、夹层、毛刺及火焰切割熔渣等缺陷	合格□ 不合格□	
	焊缝外观质量	无气孔、夹渣、咬边、未焊透、裂纹等缺陷	合格□ 不合格□	
	焊缝内部质量（拍片检查）	（1）每个队每个月抽查 1 至 2 项工程进行拍片检查； （2）拍片结果符合《金属熔化焊焊接接头射线照相》GB/T 3323 的Ⅲ级为合格；	合格□ 不合格□	
查漏	焊口等泄漏点	作业完毕，管道恢复供气后，对每个焊口用肥皂水进行查漏；	合格□ 不合格□	
防腐	防腐形式	A：腻子＋牛油胶布， B：热收缩套	A：□ B：□	
	防腐层质量	防腐层无破损、气泡、皱折等现象；	合格□ 不合格□	
回填	设置电子标签	管道拐点、三通、起（终）点等位置按要求设置电子标签	合格□ 不合格□	
	填沙量	管道周边填有 10cm 的河沙；	合格□ 不合格□	
	回填土	（1）管道两侧及管顶以上 0.5m 内的回填土不得碎石、砖块、垃圾等杂物； （2）回填土必须分层夯实	合格□ 不合格□	
	阀门井、放散井砌筑	（1）井体砌筑牢固 （2）人行道及车行道上的井盖与路面平齐，绿化带上的井盖高出地面 10cm； （3）井盖表面燃气字样清晰，涂黄色外环，中间涂红色； （4）井内空间操作方便； （5）非直埋式阀门井内清洁无积水和赃物，有上下爬梯且牢固	合格□ 不合格□	
	标志桩的安装	（1）管道拐点、三通、起（终）点、直线管段 20m 等位置埋设标志桩； （2）标志桩埋设于管道的正上方，人行道及车行道上的标志桩与路面平齐，绿化带上的标志桩高出地面 10cm	合格□ 不合格□	
	路面恢复	路面按原样修复平整，无沉降、开裂等现象	合格□ 不合格□	
队长（签名）		质安员（签名）		

注：1. 凡是没有报监理的地下燃气工程（包括碰口作业、抢维修作业、更新改造施工等）都必须填写此表；
2. 本表由部门安全员现场检查后如实填写，并与其他作业记录一同归档。

附录6：动火作业现场负责人资格证

动火作业现场负责人资格证，见附表6-1、附表6-2。

动火作业现场负责人资格证（正面）　　　　　　　　　**附表6-1**

公司动火作业现场负责人资格证		
照片	单位/部门	
	姓名	
	管理资格	
	编号	
发证单位		
公司主要负责人（签字）		
签发日期		

动火作业现场负责人资格证（背面）　　　　　　　　　**附表6-2**

1. 动火作业现场负责人必须通过公司组织的资格证认定，并考核合格方可取得资格证。 2. 本证自签发之日起两年内有效，每半年复训一次。 3. 本证限于本公司组织实施的动火作业，资格证使用人应对照资格证明示的资格级别和动火作业级别对应使用，并履行相应的管理职责。 4. 因工作需要委托他人履行现场负责人职责的，应履行书面委托手续。 5. 资格证使用人岗位或工作内容发生变化时，应将变化信息及时报送至资格证管理部门；如资格证使用人不再参与动火作业管理的，应及时将资格证退还至资格证管理部门。 6. 资格证的管理和使用由公司安全生产委员会负责解释，日常工作由公司安全生产委员会负责。	
第一次复训时间	
第二次复训时间	
第三次复训时间	

参 考 文 献

[1] 保继高. 化工企业动火作业引发安全事故的原因分析及采取的安全措施[J]. 中国石油和化工标准与质量, 2016, 36(16)：33-34.

[2] 周立国, 姚安林, 曾跃辉等. 城镇燃气管道动火作业安全评价[J]. 中国安全生产科学技术, 2016, 12(01)：61-64.

[3] 广东顺德"12·31"重大爆炸事故[J]. 中国安全生产, 2016, 11(01)：46-47.

[4] 李夏喜, 罗强, 韩赟东等. 城市燃气管网带压堵漏技术现状分析[J]. 长江大学学报(自科版), 2015, 12(07)：57-61.

[5] 李永鑫, 肖海峰, 赵迎波等. 维抢修设备集装和模块化管理[J/OL]. 油气储运, 2015, 34(02)：225-228.

[6] 胡卫杰, 任巍. 从一起事故谈企业动火作业安全管理[J]. 河南科技, 2014, (12)：203-204.

[7] 梁俊锋. 大型 CNG 母站扩建工程动火作业的实施[J]. 石油化工安全环保技术, 2014, 30(03)：60-64+10.

[8] 陶加富. 唐钢安全分级管控实践[J]. 现代职业安全, 2013, (12)：78-80.

[9] 马世清, 师明霞, 张朋等. 油气区工业动火作业安全[J]. 现代职业安全, 2013, (09)：111-113.

[10] 聂世全, 王伟峰. 油库动火作业事故的教训和安全作业的对策[J]. 石油库与加油站, 2013, 22(02)：15-18+11.

[11] 王梦蓉. 储罐动火作业爆炸事故[J]. 现代职业安全, 2013, (04)：82-85.

[12] 刘波. 聚乙烯燃气管道带气接线作业规范化管理[J]. 煤气与热力, 2012, 32(06)：33-35.

[13] 闫春兰, 路美红, 杨威等. 天然气管道改线动火作业与置换投产[J/OL]. 油气储运, 2011, 30(10)：797-799+718.

[14] 刘鲁新. 煤气带压动火作业的安全性[J]. 安全, 2011, 32(01)：16-18.

[15] 谢高新, 杨光, 王文想等. 燃气特种作业关键环节及风险控制[J]. 煤气与热力, 2010, 30(09)：30-35.

[16] 周斌, 吴晓闽, 马一峰. 浅谈燃气管道动火作业的安全技术和措施要求[J]. 城市公用事业, 2010, 24(02)：27-30+41+47.

[17] 王来忠. 石油工业动火安全防护方法研究[J]. 中国安全生产科学技术, 2009, 5(02)：165-168.

[18] 何悟忠, 宋巍, 李博. 输油管道动火的安全管理[J]. 中国安全生产科学技术, 2009, 5(01)：169-171.

[19] 胡汝斌. 忘抽盲板引发的事故[J]. 劳动保护, 2008, (11)：94-95.

[20] 尹广增, 韩玉琴. 输气管道不停输开孔封堵作业危险因素辨别[J]. 油气储运, 2007,

（10）：57-59＋62＋2.

[21] 韦育强. 燃气设施动火安全技术要求与实践[J]. 上海煤气，2006，（03）：27-29.

[22] 张学尧. 动火作业事故危害分析及采取的措施[J]. 石油化工安全技术，2005，（01）：24-26＋56.

[23] 朱国启. 燃气容器管道带压不置换动火安全措施[J]. 化工劳动保护，1997，（06）：40-41.

[24] 张智聪. 从一起爆炸事故看煤气动火作业安全的重要性[J]. 科技情报开发与经济，2004，（04）：274-275.